日経文庫

NI

# カーボンニュートラル

野村総合研究所［編］

日本経済新聞出版

# はじめに

カーボンニュートラルというキーワードは近年急速に知られるようになりましたが、関連する内容は多岐にわたり、かつ日々新しい情報に更新されていますので、その全容を把握することは簡単ではありません。本書は、カーボンニュートラルを体系的に理解することを目的とした入門書です。

カーボンニュートラルには、多くのステークホルダーが関係しており、その立場によって見方は様々ありますが、本書は、主に企業の視点からカーボンニュートラルを捉え、解説しています。

企業としてカーボンニュートラルへの対応を検討する上で理解しておくべき内容を、出版時点での最新の情報も交えながら網羅的に整理していますので、既にある程度の知識がある方にとっても理解を深める一助になると期待しています。

これまでに野村総合研究所では、カーボンニュートラルをテーマとして企業向けに勉強会や講演会を実施してきました。しかし、カーボンニュートラルという言葉の高い認知に反して、その定義や背景については曖昧で、正確な理解は必ずしも浸透していないと感じています。そこで本書では、そもそもカーボンニュートラルの定義とは何なのか、ここまで注目されてきているのはどのような背景があるのかといった点から解説を始めています。また、特に関心が高い水素・アンモニア、炭素回収・利用、カーボンクレジットなどのテーマに焦点を当てながら、企業のカーボンニュートラルの実現に必要な排出量の「管理」「削減」「除去」「相殺（オフセット）」の技術やソリューションの全体像を理解できるようにしています。

カーボンニュートラルが企業に与える影響や機会は、業界によって異なりますので、カーボンニュートラルの影響との関わりが特にある業界を取り上げ、先行企業の対応事例も交えながら各業界の動向をまとめました。そして、最後には企業のカーボンニュートラルに対する検討テーマについて、経営レベル、事業レベル、オペレーションレベルといった階層に分けて論点を整理しています。当社のコンサルティングサービスを通じて蓄積してきた知見をもとにしていますので、企業において実際にカーボンニュートラルを検討する際の実用的な内容となっています。

当社は、カーボンニュートラルというテーマについて、多くの経営者との対話を重ねてきました。カーボンニュートラルへの転換の流れが進むということは共通の見解ですが、企業としてカーボンニュートラルにどこまで踏み込んで対応すべきか判断する悩ましさを実感しています。本書としては、企業がこの悩ましいテーマに継続的に対峙していく上で、俯瞰的な視点に立ち戻るきっかけを提供できれば幸いです。

2022年5月

野村総合研究所　稲垣　彰徳

# カーボンニュートラル　目次

## 第4章　カーボンニュートラルの実現に向けた課題と対策　211

# 第1章

# カーボンニュートラルとは?

## 1　カーボンニュートラルの定義

### カーボンニュートラルとは？

「カーボンニュートラル」とは何か、まずその定義について解説します。カーボンニュートラルとは、温室効果ガス（GHG：Greenhouse Gas）の排出が中立である＝実質的にゼロ（ネットゼロ）となっている状態を指します。カーボンニュートラルに関わる定義は様々あり、世界共通の明確なものはありませんが、例えば、環境省では、カーボンニュートラルを以下のように定義しています。

「市民、企業、NPO／NGO、自治体、政府等の社会の構成員が、自らの責任と定めることが一般に合理的と認められる範囲の温室効果ガス排出量を認識し、主体的にこれを削減する努力を行うとともに、削減が困難な部分の排出量について、他の場所で実現した温室効果ガスの排出削減・吸収量等を購入すること又は他の場所で排出削減・吸収を実現するプロジェクトや活動を実施すること等により、その排出量の全部を埋め合わせた状態をいう」（環境省「カーボン・ニュートラル認証基準」より抜粋）。

環境省の定義では、自らの責任範囲の排出量をできる限り削減した上で、それでもなお残った排出量分について、他の活動における同等の排出削減により埋め合わせができている状態とされています。ここでのポイントとしては、自らの削減の努力なく、他の排出削減で埋め合わせただけのものは、カーボンニュートラルではないということです。

カーボンニュートラルと同義の意味として、$CO_2$排出ネットゼロが使われることもあります。気候変動の影響等に対して分析・評価を行う国際的な機関であるＩＰＣＣ（気候変動に関する政府間パネル）が、「$CO_2$排出ネットゼロ」を以下のように定義しています。

「Net zero carbon dioxide ($CO_2$) emissions are achieved when anthropogenic $CO_2$ emissions are balanced globally by anthropogenic $CO_2$ removals over a specified period.（$CO_2$排出ネットゼロは、特定の期間にわたって、人為的起源の$CO_2$排出が人為的な$CO_2$の除去と世界全体で均衡する時に実現される）」（ＩＰＣＣ「Global Warming of 1.5℃」より抜粋）。

ＩＰＣＣの$CO_2$排出ネットゼロの定義では、人為的な$CO_2$排出と人為的な$CO_2$の除去がつり合うこととしています。つまり、$CO_2$排出ネットゼロとは自然による排出や除去ではなく、あくまで人為的な活動による排出と除去を対象としています。

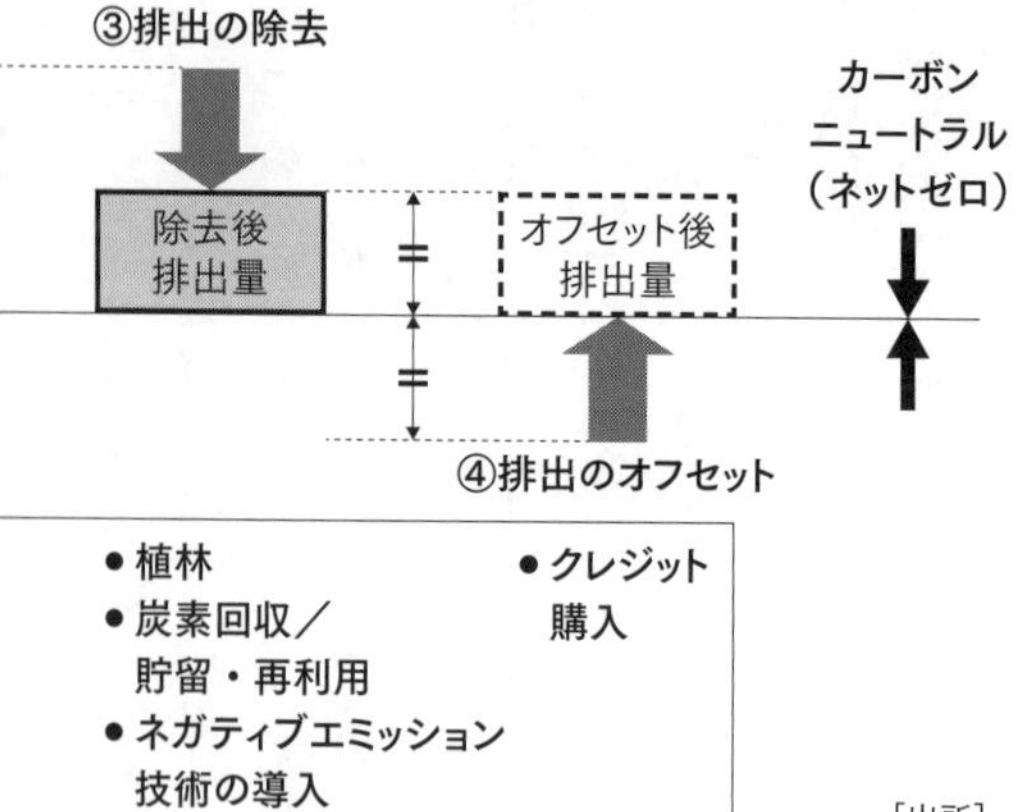


［出所］　野村総合研究所

これらの定義も踏まえて、カーボンニュートラルの概念を、図表1－1に整理しています。カーボンニュートラルとは、自らの排出量に対して、「①排出活動の削減」や「②排出原単位の削減」を行い、それでも残余している排出量から、自ら以外の活動による「③排出の除去」や「④排出のオフセット」による排出量の減少分を差し引くことで、自らの排出量をゼロにすることです。①排出活動の削減とは、省エネによってエネ

**図表 1-1　カーボンニュートラルの概念**

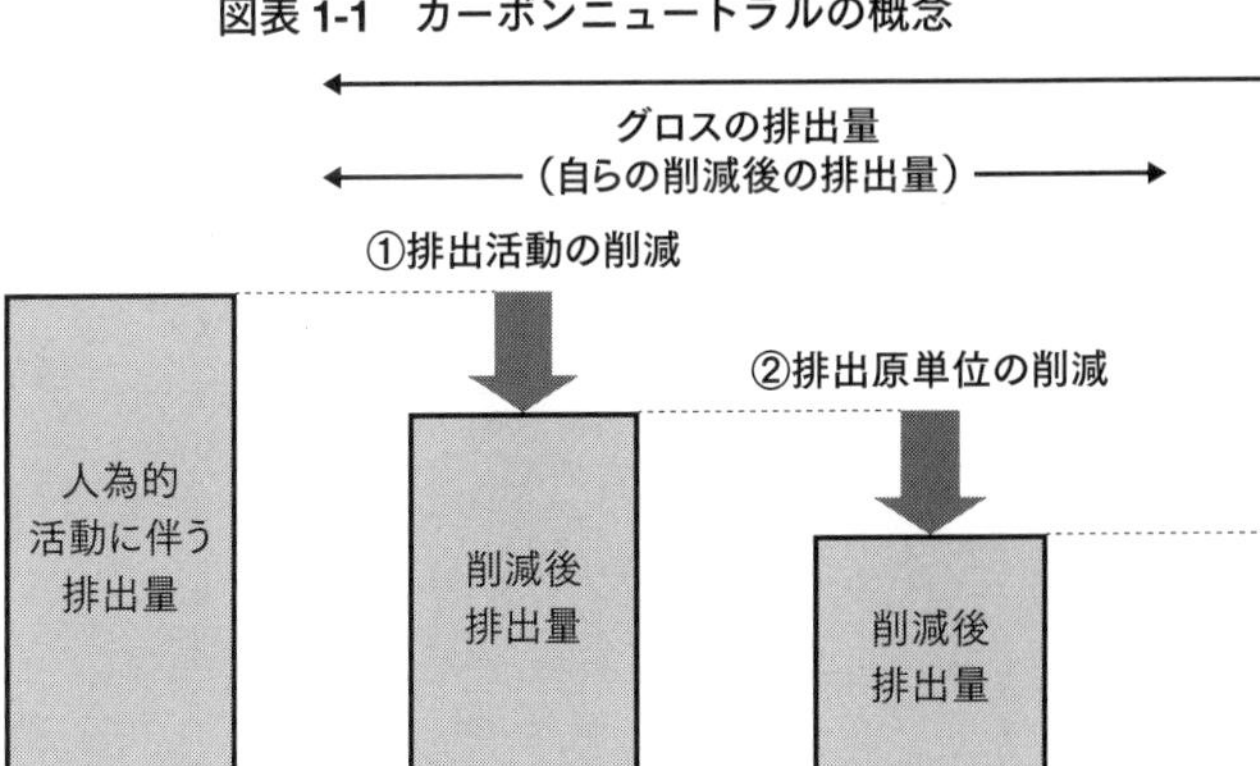


| 主な打ち手 | ●省エネルギー化（プロセスの最適化）<br>●省資源化（リサイクル） | ●再エネ転換（低排出燃料、電気・熱源の再エネ化）<br>●資源の低炭素化 |
|---|---|---|

ルギーの使用量を減らしたり、排出量が大きい業務や生産のプロセスを縮小または廃止したり、リサイクルやリユースなどにより資源を有効活用することで新たな排出を減少させることです。②排出原単位の削減とは、自社で使っている燃料や電気を$CO_2$排出の伴わない再生可能エネルギー等に切り替えたり、従来利用している資源を$CO_2$排出が少ないものに切り替えたりすることです。①、②による排出削減を差し引いた排出

量は、自らの活動範囲内での排出量であることからグロスの排出量といえます。③排出の除去とは、植林によって植物の光合成で大気中の$CO_2$を吸収したり、発電や製造などの工程で発生する$CO_2$を回収・貯蔵・再利用する技術を導入したり、大気中の$CO_2$を吸着・貯蔵する技術を導入することです。④排出のオフセットとは、他者が行った活動による排出量の削減分をクレジット化し、そのクレジットを取得して自らの排出量を相殺することです。③、④による排出削減を差し引いた排出量は、自らの活動範囲外での排出削減を加味していることからネットの排出量といえます。排出量がゼロであるという言葉は、グロスの排出量がゼロであるか、ネットの排出量がゼロであるか、意味合いが大きく異なるため留意が必要です。

その他には、「カーボンフリー」、「ゼロエミッション」や「カーボンネガティブ」といった言葉もよく使われています。カーボンフリーやゼロエミッションは、多くのケースではグロスベースでの$CO_2$排出がゼロであるという意味で使用されます。例えば、カーボンフリーのエネルギーとは、実際に$CO_2$の排出量を伴わないエネルギーを指します。カーボンネガティブとは、多くはネットベースで$CO_2$排出がマイナスであるという意味で使用されます。例えば、自社の排出量をカーボンネガティブにするとは、自らの排出量以上に炭素の除去やオフセットの取得をしていくことを指します。

## 世界と日本の$CO_2$排出の現状

世界の温室効果ガス（GHG）の排出量の内訳をみてみると、二酸化炭素（$CO_2$）が約80％弱、次いでメタン（$CH_4$）が15％程度を占めています。また、温室効果ガス排出量のセクター別の内訳をみてみると、エネルギー起源のセクターが温室効果ガス排出の70％以上を占めています。従って、世界の温室効果ガス排出のうち、エネルギー起源の$CO_2$排出が大きな要因となっているといえます。そのエネルギー起源排出の中でも、排出量全体に対して、電気・熱用途が約30％、輸送と製造・建設がそれぞれ15％程度を占めています。エネルギー起源に次いでは、農業セクターの割合が大きく、約10％を占めています（図表1－2）。エネルギー起源は$CO_2$の排出が中心ですが、農業ではメタンや亜酸化窒素（$N_2O$）の排出が中心です。

世界のエネルギー起源$CO_2$排出についてみてみると、排出量全体としては年々増加しており、先進国の排出量が減少している一方で新興国の排出量が増加しています。国別の$CO_2$排出量シェアでは中国の割合が最も大きく約3割を占めています。インドもアメリカ

## 図表 1-2　世界の温室効果ガス排出量の内訳

世界の温室効果ガス排出の内訳

〈土地利用変化・林業を含む温室効果ガス排出量(2018年)〉

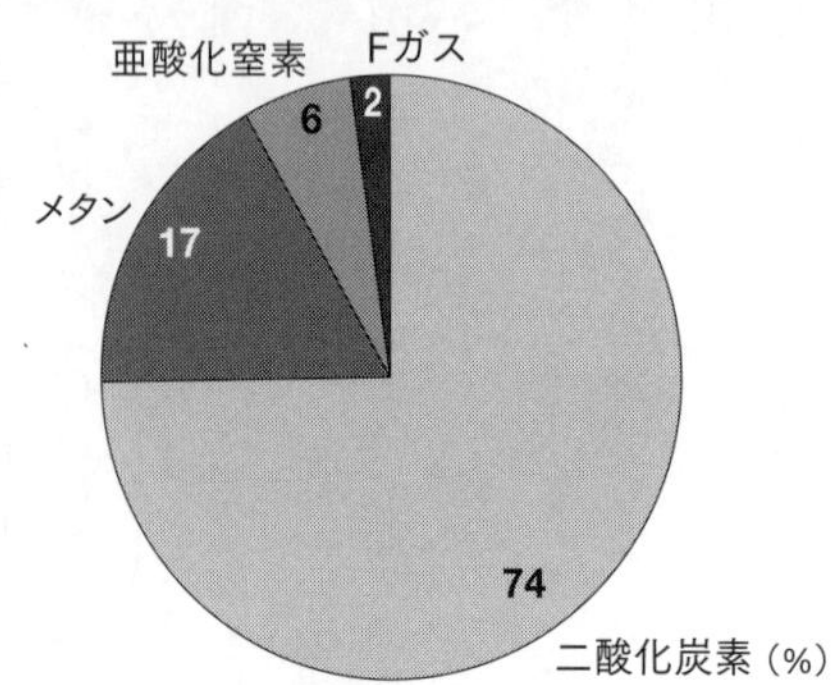


世界の温室効果ガス排出のセクター別シェア

〈土地利用変化・林業を含む温室効果ガス排出量(2018年)〉

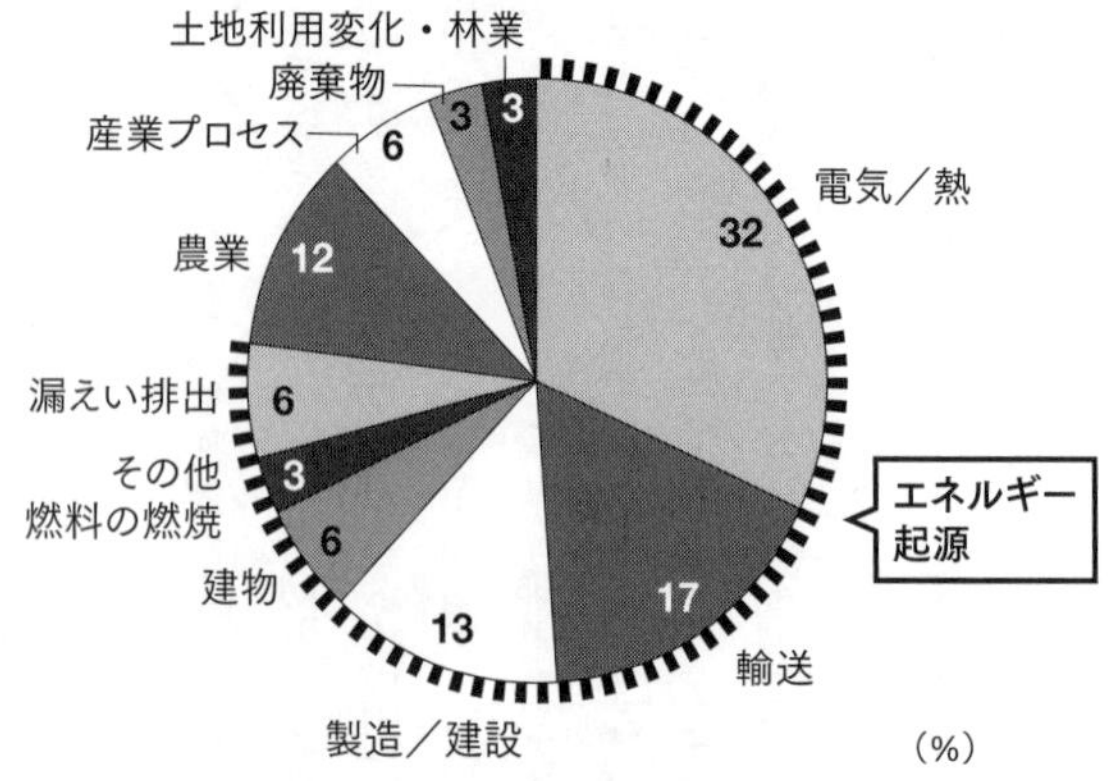


［出所］ World Resources Institute「CAIT - WRI's Climate Data Explorer」より野村総合研究所作成

に次いで第三位の排出国となっており、新興国の排出量のシェアが大きくなっています。なお、日本は、全体の約3％を占める世界で第五位の排出国です（図表1－3）。

日本の排出量の推移をみると、2013年度に最大の排出量を記録しています。これは2011年の東日本大震災以降、原子力発電所の稼働が停止し、$CO_2$排出量が大きい石炭火力発電等の稼働が増加したことに起因しています。2013年度以降、排出量は減少が続いており、2020年度（速報値ベース）は2013年度比で20％程度まで削減されています。2019年度は2013年度比16％削減でしたので、1年で約4ポイント程度削減されたことになります。これは、新型コロナウイルス感染症の流行に伴う経済活動の一時的な抑制が排出削減に影響していると考えられます。

国内の$CO_2$排出のセクター別のシェアをみると、エネルギー起源が9割以上を占めています。産業（約35％）、業務（約17％）、運輸（約19％）、家庭（約14％）は排出量が多いセクターです。産業の中でも特に鉄鋼の排出量は大きく、排出量全体の約14％程度を占めています（図表1－4）。

図表 1-3　世界の温室効果ガス排出量の推移

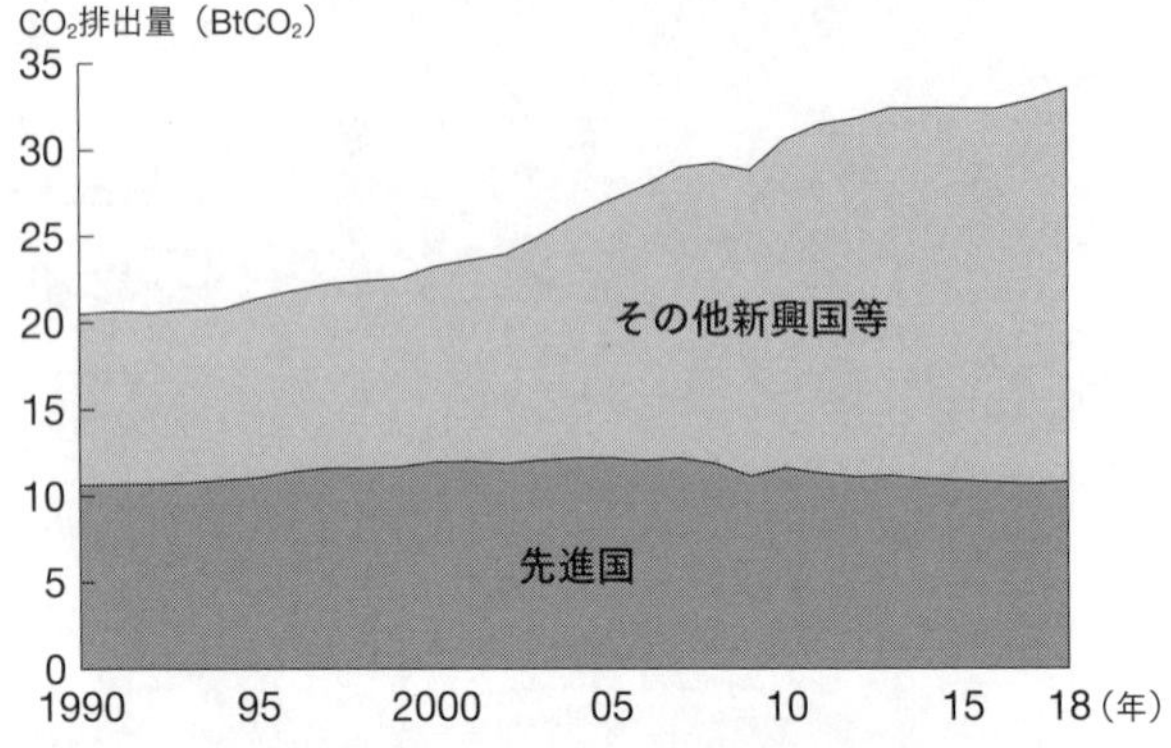

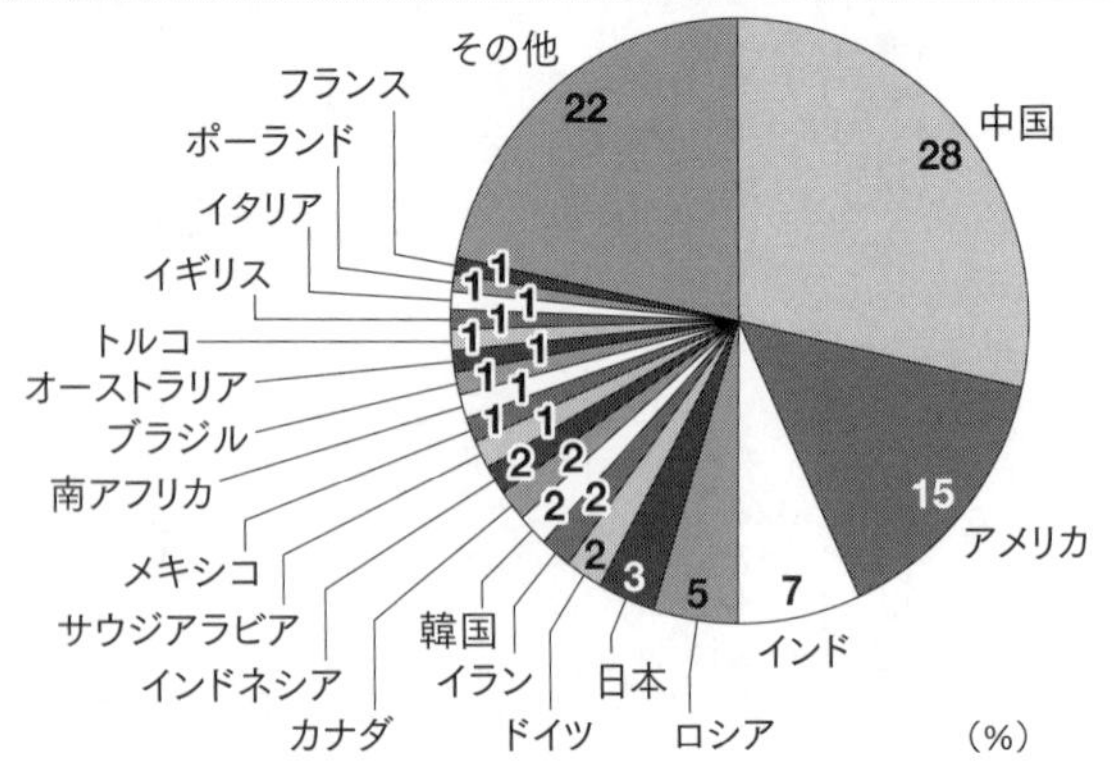


［出所］ World Resources Institute「CAIT - WRI's Climate Data Explorer」より野村総合研究所作成

図表 1-4　日本の $CO_2$ 排出量の状況

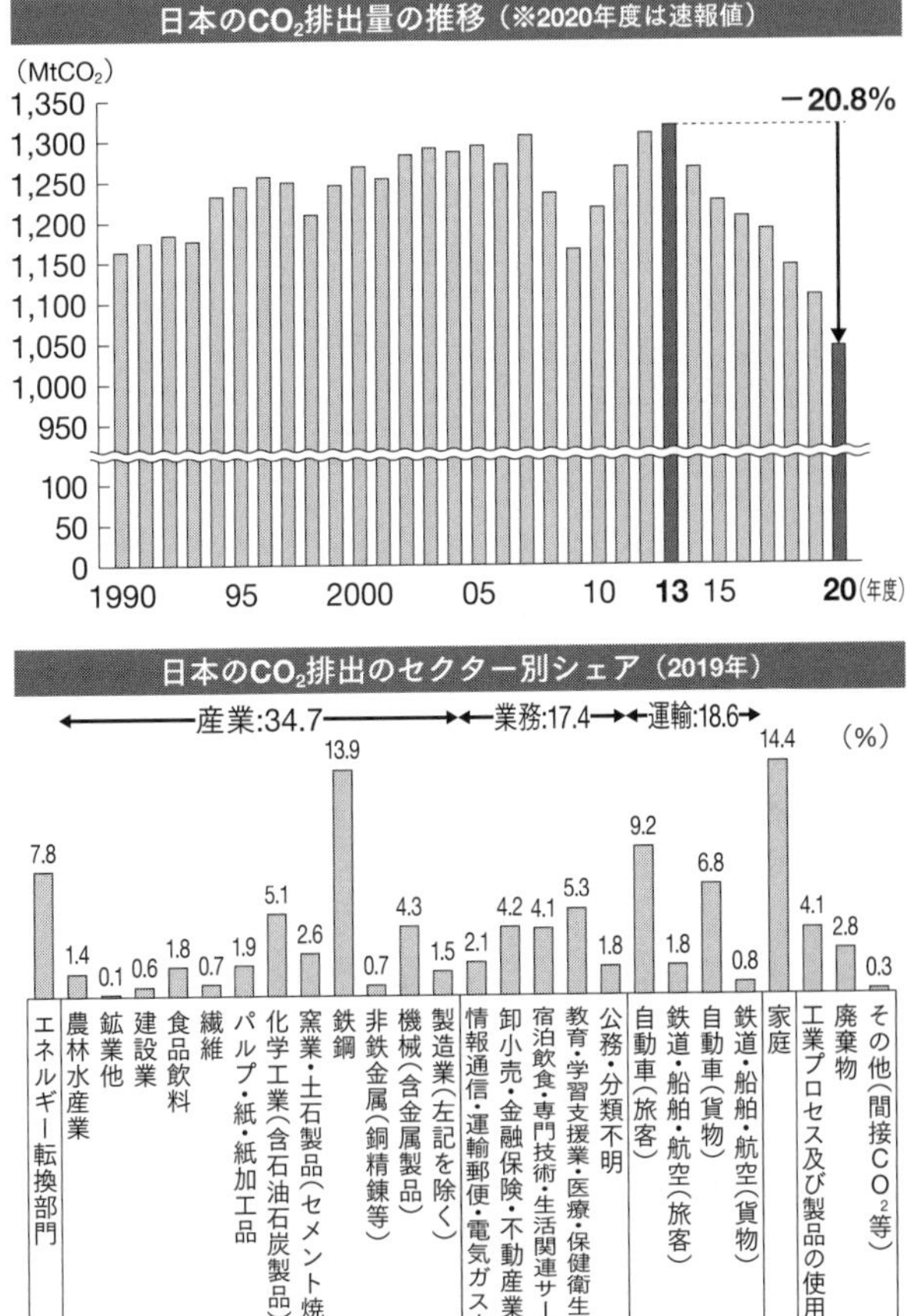


［出所］　国立環境研究所「温室効果ガスインベントリ」より野村総合研究所作成

## なぜ今カーボンニュートラルなのか？

なぜ、今カーボンニュートラルが注目されているか、その理由と経緯を説明します。カーボンニュートラルが注目されている理由は、大きく2つあります。

ひとつは、国連における気候変動に対する国際的な枠組みです。1992年リオデジャネイロ国連環境開発会議（地球サミット）にて、国連気候変動枠組条約（UNFCCC）が採択され、地球温暖化防止のため大気中の温室効果ガス濃度を安定化させ、具体的な義務等を決める締約国会議（COP）を開催することが合意されました。1997年に開催された第3回COPでは京都議定書が採択され、2012年までに先進国が達成すべき排出量の上限が設定されています。その後、2015年のパリ協定では、京都議定書に次ぐ新たな排出目標として、世界の気温上昇を2℃以内に抑えるために必要な2030年までの長期目標が合意され、日本を含めた先進国各国がパリ協定に基づいて2030年までの削減目標を設定しました。しかし、2018年にIPCCが提示した「1・5℃特別報告書」を契機として、2030年の目標が見直され始めています。

IPCCの報告書では、地球温暖化の気温上昇が2℃のシナリオに対して、1・5℃に抑えられたシナリオでは温暖化による生態系等への影響において明確な便益があると示されました。また、気温上昇を1・5℃以内に抑えるためには、世界の温室効果ガス排出量は2050年時点でネットゼロ、2030年までに45％削減される必要があると提言していま す。パリ協定においても、1・5℃に抑える努力をしていくことは合意されていますが、具体的な目標設定には至っていませんでした。

このIPCCの報告書が1・5℃に抑えることの必要性を裏付ける根拠となったことで、まず欧州が、パリ協定で合意した2℃目標から1・5℃目標つまり2050年にカーボンニュートラルを達成する目標に引き上げる決定をしました。この動きにアメリカや日本も同調し、2050年のカーボンニュートラルを目指す目標へ見直し、カーボンニュートラルの実現に向けた取り組みが加速されることになりました。2021年秋にグラスゴーにおいて開催された国連気候変動枠組条約第26回締約国会議（COP26）では、合意文書の中で気温上昇を1・5℃に抑える方が2℃の上昇に比べて気候変動の影響がはるかに小さいことを認め、1・5℃に制限するための努力を継続していくこと、そして2030年までに世界全体の$CO_2$排出量を2010年比で45％削減し、今世紀半ば頃には実質ゼロにする必要があることを認めると明記されました。ただし、2030年の数値目標の見直しまでには至らず、1・5℃に向けた取り組みが、どこまで実行されていくかは依然として不透明な状況のままです。

前述は、各国政府主導の動きによるものですが、カーボンニュートラルが注目されるもうひとつのきっかけは民間主導の動きによるものです。昨今、ＥＳＧ投資の考え方が広がっています。Ｅ：環境、Ｓ：社会、Ｇ：企業統治の３つの観点について、配慮している企業を投資の対象として重視、選別するというもので、世界の機関投資家が取り組み始めています。世界全体の運用資産に占めるＥＳＧ投資の割合は２０２０年時点で３分の１を超えています。

世界のそうした背景のもとで、企業はＥＳＧに対する現状を開示することが求められており、ＴＣＦＤ（Task Force on Climate-related Financial Disclosures：気候変動関連財務情報開示タスクフォース）による財務報告における情報開示やＣＤＰ（後述）による気候変動の取り組みに対する質問への回答など、ＥＳＧに対する企業の姿勢や取り組み状況が外部にさらされ、評価される状況になっています。Ｅに該当する環境も重要なファクターとなっており、企業が気候変動対策に取り組む動機になっています。企業における環境対策は従来では、あくまでＣＳＲ（corporate social responsibility：企業の社会的責任）の一環としての位置づけでしたが、このような潮流により、気候変動対策は企業価値の向上に繋がるものとしての経営課題という位置づけへと変わってきています。

このように2つの背景が2010年代後半頃に大きく動いたことによって、企業は今まさにカーボンニュートラルへの対応について方針を明確にしていく岐路に対峙しているところです。

## 2　カーボンニュートラルの世界的潮流

### 世界のカーボンニュートラル宣言の状況

①　各国のカーボンニュートラル宣言

前述のIPCC「1・5℃特別報告書」の発表後、国家レベルでのカーボンニュートラルの宣言が広がっています。

欧州では、欧州委員会が2019年12月に欧州グリーンニューディールを発表し、2050年での気候中立（温室効果ガスの実質排出ゼロ）の達成を重要施策として掲げています。また、2030年までの排出削減目標については、従来の1990年比で40%削減から55%削減に引き上げています。中でもドイツは、目標を65%削減まで引き上げており、

EUの目標よりもさらに高い野心的な目標を掲げて、気候変動への取り組みをリードしようとしています。EUから脱退したイギリスも２０５０年までに温室効果ガスの排出量実質ゼロを掲げており、１９９０年比で２０３０年までに68％削減、２０３５年までに78％削減とする目標を発表しています。

アメリカは、トランプ政権時にはパリ協定からの離脱もありましたが、バイデン政権へ移行した後にはパリ協定へ復帰し、２０５０年の温室効果ガスの排出を実質ゼロにするという公約の下で、２０２１年4月には、オバマ政権時の目標を大幅に引き上げる２０３０年までに２００５年比で50～52％削減とする新たな目標を発表しています。

世界最大の排出国である中国は、２０３０年までに排出量を減少に転じさせ、２０６０年までに実質排出をゼロとすることを習主席が表明しています。

欧州等の国際的な流れを受け、日本も２０２０年10月の菅内閣総理大臣（当時）の所信表明演説において、それまで２０５０年80％削減だった目標から２０５０年カーボンニュートラルを目指すことを表明しています。また、２０２１年4月の地球温暖化推進対策本部の会合にて、２０５０年カーボンニュートラルに対応する２０３０年度の削減目標を、２０１３年度比で従来の26％削減から、46％削減に引き上げることを発表しています。

このように、各国が2050年カーボンニュートラルの目標を掲げ、実現に向けて2030年時点での大幅な削減目標を表明しており、今後は様々な政策支援や規制が整備されていく見通しです。

### ②　企業・地域のカーボンニュートラル宣言

世界では、既に多くの企業がカーボンニュートラルを宣言しています。特に欧米企業を中心に、気候変動に対する先進的な目標を表明しています。例えば、Microsoftは、2030年までにカーボンネガティブにすること、2050年までに自社が創業以来排出した炭素を除去するとしています。Appleは2030年までに事業、製品サプライチェーン、製品ライフサイクルからの排出量をネットゼロにするとし、自社だけでなく製品製造に関わるサプライヤーも含めて100%再エネにするとしています。こうした企業は、自らが意欲的な目標を掲げることで、共感する企業の仲間づくりに繋げていたり、パートナーやサプライヤーを巻き込んだ活動にしていたりします。

国際的な取り組みとしては、UNFCCC（国連気候変動枠組条約事務局）が、企業や自治体、高等教育機関、投資家などの非国家の主体が2050年実質ゼロを呼びかける「Race

To Zero」というキャンペーンを発表しており、2021年末までに5000以上の企業、1000以上の自治体、1000以上の高等教育機関、400以上の投資家が参加しています。

日本においても製造業を中心として、様々な業界にわたる多くの企業が2050年のカーボンニュートラルの目標を掲げている企業もあります。中には2030年のカーボンニュートラルの目標を表明しています。今後もこうした企業によるカーボンニュートラル宣言の動きは広がっていくとみられます。現状では、各業界の大手企業が中心となっていますが、そうした企業がサプライチェーン全体のカーボンニュートラルを進めていく中で、取引先などの中小企業にも影響は伝播していくと考えられます。

地域単位でも、2050年カーボンニュートラルを目指すことを宣言する流れが進んでいます。環境省は、2050年の$CO_2$排出実質ゼロに取り組むことを表明する地方公共団体を「ゼロカーボンシティ」とし、ゼロカーボンシティに対して、予算措置も含めた政策支援を行っています。2021年末までに500以上の自治体が、ゼロカーボンシティを表明しています。

## カーボンニュートラルに関わる制度の動向

### ①　各国のカーボンニュートラルに対する政策支援

欧州では、EUが欧州グリーン・ディールとして2050年での「気候中立」の目標を掲げると共に、目標の実現に向けて関連する規制の見直しなどを含めた行動計画や投資計画をまとめた政策パッケージを表明しています。この欧州グリーン・ディールは気候変動対策でありながら、持続可能な経済活動への投資を促進させる成長戦略でもあります。新たに策定された2021年～2027年の中期予算計画では、新型コロナ復興基金を合わせて総額1兆8000億ユーロの最大規模の予算を計画していますが、基金を受けるための各国の復興計画では最低37％以上を気候変動対応に割り当てることとしています。

アメリカでは、バイデン大統領が就任後に、第1弾として新型コロナ対策等を盛り込んだ1・9兆ドルの「米国救済計画（American Rescue Plan）」、第2弾として巨額のインフラ投資を中核とした8年間で総額2兆ドル超規模の「米国雇用計画（American Jobs Plan）」、第3弾として生活・子育て支援等を盛り込んだ1・8兆ドル規模の「米国家族計画（American Families Plan）」を発表しています。第2弾の米国雇用計画では、老朽インフラの更新と共にクリーンエネルギーの促進も含まれています。その後、超党派での調整を通じて、当初の計画から主な気候変動対策が切り出され、新たなインフラ投資計画を打ち出していますが、財源の確保を含めて、先行きは不透明です。

世界最大の排出国である中国では、2030年までに排出量のピークアウト、2060年カーボンニュートラルの目標を掲げていますが、具体的な政策支援は、まだこれからという状況です。ただし、中国は、脱炭素を今後の成長戦略において重要視しており、重点政策として支援していくものとみられます。

日本では、2020年末に経済産業省が2050年カーボンニュートラルに向けた産業政策として「2050年カーボンニュートラルに伴うグリーン成長戦略」を発表しています。グリーン成長戦略では、成長が期待される分野としてエネルギー関連産業、輸送・製造関連産業、家庭・オフィス関連産業合わせて14の分野が掲げられ、様々な政策支援により企業の取り組みを支援していくとしています。特に、グリーンイノベーション基金として10年間で2兆円の予算をつくり、脱炭素に向けた技術開発や実証プロジェクトを支援していくことになっています。

また2021年末には、経済産業省がGX（グリーントランスフォーメーション）に積極的に取り組む産官学金のプレイヤーによる議論と取り組みの場として「GXリーグ」の構想を発表しています。GXリーグでは、440社の賛同企業が自社やサプライチェーン、製品・サービスを通じた市場での排出削減への取り組みにコミットし、カーボンニュートラルの実現に向けたルールメイキングの議論や排出量取引などが行われる予定となっています。

さらに目標達成に向けたパスを描く位置づけとして「クリーンエネルギー戦略」の検討が進められています。

地域に対しては、環境省が2030年までに100の脱炭素先行地域をつくるとして、自治体の脱炭素への取り組みを補助する枠組みをつくり、先行地域の募集・選定のプロセスを始めており、第1回の募集では26件（48自治体）が選定されています。また地域の企業の脱炭素事業に出資する新たな官民ファンドの創設も進められています。

### ②　カーボンプライシング

カーボンプライシングとは、$CO_2$排出削減の促進を目的として、$CO_2$排出削減を経済価値化する仕組みです。カーボンプライシングは、仕組みをつくる主体として国や地方政府・自治体等が主導する公的なものと、企業などの民間が主導する私的なものがあります。

民間主導のカーボンプライシングの代表的なものは「インターナルカーボンプライシン

グ」と呼ばれるものです。インターナルカーボンプライシングは、企業が自社の炭素排出量に対して独自に価格付けをすることで、自社の事業活動による排出削減を促すものです。あくまで企業独自の活動であるため、価格の設定は企業が自由に設定でき、外部の情報を参照する、または独自の考え方に基づいて決定されています。事業活動を通じた排出量を金額ベースで可視化するものが一般的ですが、低炭素の取り組みへの投資基準として利用するものや、プライシングに基づいて実際に資金を回収し、その資金を低炭素化への投資に充当するといったものまであります。インターナルカーボンプライシングを導入する企業は近年増加しており、世界で2000社超、日本で250社超が導入済または導入予定となっています。

公的なカーボンプライシングは、$CO_2$排出量そのものにプライシングするものと、間接的に$CO_2$排出量に繋がるものにプライシングするものに分かれます。$CO_2$排出量に直接プライシングする代表的なものとして、炭素税と排出量取引があります。

炭素税は、$CO_2$の排出量に対して、定められた排出量あたりの税率で課税するものです。日本においても類するものとして化石燃料による$CO_2$排出量に応じて課税する地球温暖化対策税が導入されています。

排出量取引は、企業等に対して、排出を認める上限値を設定することで、枠内での排出量に抑えることを促し、上限値よりさらに排出量を削減した場合には、その削減分を市場を通じて他社と売買できるようにするものです。日本では、国として排出量取引は導入されていませんが、東京都や埼玉県が自治体として独自に導入しています。

カーボンプライシングを受ける企業の視点では、炭素税は税率が設定されるため必要なコストの見通しを立てやすいですが、一方で排出量をゼロにしない限りは基本的にコストアップに繋がります。排出量取引は排出枠内に排出量を抑えれば排出枠を他から買う必要がなくコストアップを抑えることができますが、一方で排出枠を買う必要がある場合には取引市場の価格が変動するため、必要なコストを見通すことが難しくなります。いずれの制度にしても、企業としてはメリット・デメリットがあります。

間接的に$CO_2$排出に繋がるものにプライシングするものとしては、エネルギー消費に課税するものや法規制によって報告・制約を課すものがあります。エネルギー消費への課税は、例えば石油石炭税や揮発油税です。法規制によって報告・制約を課すものは、例えば温対法（地球温暖化対策の推進に関する法律）や省エネ法（エネルギーの使用の合理化等に関する法律）です。

世界的には、カーボンプライシングを導入する国が増加しており、既に30ヵ国以上の国が炭素税または排出量取引を採用しています。日本においても、政府省庁においてカーボンプライシングの導入について検討が進められています。

### ③ 国境炭素調整

前述のように世界各国でカーボンプライシングのような規制の導入が進む中で、排出量に対する規制が厳しい国と緩い国の格差が生じており、輸出入における不公平に繋がる可能性が問題視されてきました。この格差を是正しようという対応は国境炭素調整と呼ばれています。例えば、規制が厳しい国では、当該国内の企業は規制に対応するため排出削減にコストを費やしていますが、規制が緩い国からの輸入製品には、そうしたコストがかかっておらず有利になります。そこで国内企業が負担しているコスト相当を、輸入製品に対して関税のように水際で課すことが検討されています。一方で、規制が厳しい国から規制が緩い国へ輸出する場合でも、排出削減コストの有無により規制が緩い国において価格競争力を失う可能性があります。このケースでは、輸出製品に対して還付をすることでコスト上の不利を抑えることが検討されています。

こうした国境炭素調整は、積極的にカーボンプライシングを導入している欧州などで導入に向けた議論が進められており、セメント、電気、肥料、鉄鋼、アルミニウムを対象に2026年1月から適用していく予定です。国境炭素調整は、自由貿易の競争において政府が関与することになるため、貿易摩擦に繋がるリスクを抱えており、実際の導入に向けては慎重な議論が必要となっています。

## 国際イニシアチブの動向

昨今、気候変動対策への関心の高まりと共に、企業による国際イニシアチブへの参画が広がっています。国際イニシアチブは主に民間が主導して運営しており、企業は自主的な活動として参画しています。国際イニシアチブが注目されている背景には、前で触れているように、企業の持続可能性を評価するESG投資の広がりと共に、その前提として企業に情報開示が求められていることがあります。ここでは、代表的な国際イニシアチブとして、CDP、SBT、RE100、TCFDについて解説します。

### ①　ＣＤＰの概要

ＣＤＰ（旧称：カーボンディスクロージャープロジェクト）とは、２０００年にイギリスで設立されたＥＳＧ投資のための、企業の環境情報開示を進める国際的なＮＧＯです。各国の主要企業（時価総額上位企業）に毎年質問書を送付し、企業の気候変動問題の取り組みや、温室効果ガス排出量の算定・管理の状況について、各企業の回答から得られた情報をもとにスコア化、リーダーシップ（Ａ／Ａ⁻）、マネジメント（Ｂ／Ｂ⁻）、認識（Ｃ／Ｃ⁻）、情報開示（Ｄ／Ｄ⁻）の８段階の評価結果を公表しています。最高評価であるＡ評価に認定された企業は、環境対策の先進企業としてみられることになります。世界中の大手企業の気候変動対策に関する情報と評価結果が共通の枠組みと基準で得られ、機関投資家や投資顧問会社の間では、ＥＳＧ投資の銘柄選定の基礎データとしての地位を確保しています。世界で５００を超える投資家（投資運用総額では１００兆ドル）がＣＤＰに賛同しており、世界の時価総額の50％以上を占める９６００社以上の企業がＣＤＰを通じて情報を開示しています。

ＣＤＰの質問書には、気候変動、フォレスト、水セキュリティの３つの質問書があり、$CO_2$排出に関わる内容は気候変動に該当します。２０２１年の気候変動の質問書に対しては、日本企業は３７５社が回答しています。気候変動における世界のＡ評価の企業２００社のうち、56社は日本企業で、日本は最もA評価が多い国となっています。

例年では、春頃に質問書への回答要請が送付され、夏頃に回答の締め切り、秋頃に回答の公開と評価がされ、冬頃に評価の結果が公表されるスケジュールとなっています。質問書への回答は専用のオンライン回答システムへの入力を通じて行います。質問書に対する各企業の回答内容は、CDPのホームページ上で閲覧することができます。

## ②　SBTの概要

SBT（Science Based Targets）とは、パリ協定の政治的決定である「2℃を十分下回る水準に抑え、また1・5℃以内に抑えることを目指す」のため、企業が応分の削減目標を保有することを認定、科学的に整合した温室効果ガス（GHG）削減目標の設定を促進させる民間の取り組みです。SBTは、UNGC（国連グローバルコンパクト）、WWF（世界自然保護基金）、WRI（世界資源研究所）、CDPの4つの機関が共同で運営しています。

SBTでは、企業の温室効果ガスの削減目標が、「気候科学の知見に整合」していることを求めています。ここで「気候科学の知見に整合」とは、前述のIPCCや国際エネルギー機関（IEA）によって発表されている気温上昇を2℃未満に抑える可能性が高いとされるシナリオに沿っているという意味です。ＳＢＴの目標は、企業全体の温室効果ガス排出を対象とし、排出量のデータが存在する最新年を基準年として、最短5年以上先、最長で15年以内を目標年として、毎年２・５％以上の削減（2℃目標）を必須、４・２％以上の削減（1・5℃目標）を推奨としています。

ＳＢＴへの参加は、2年以内にＳＢＴの目標を設定することを宣言するものと、実際にＳＢＴの目標を設定し認定を受けるものがあり、いずれも対外的に公表されます。ＳＢＴの認定においては、企業が目標を設定、認定を申請し、目標の妥当性がＳＢＴの基準に照らして評価され、認定の可否について審査がされます。認定を受けた企業は、毎年1回、排出量と対策の進捗状況の報告が求められ、その内容は開示されます。

ＳＢＴで目標を認定されることは、気候科学に基づく共通基準で評価・認定された目標であることから、パリ協定の目標に整合した企業であることを対外的に分かりやすくアピールでき、ＣＤＰの評価の対象にもなっているため、ＣＤＰで高評価の獲得にも繫がります。ＳＢＴの認定企業は年々増加しており、２０２２年3月の時点で、ＳＢＴの認定を受けている企業の数では、アメリカの１９９社、イギリスの１９５社に次いで、日本は１６４社で3番目に多い国となっています。既に認定を受けた会社以外にも約38社が2年以内にＳＢＴの目標設定にコミットしています。

SBTでは、昨今2050年のカーボンニュートラル（ネットゼロ）を宣言する企業が増加している状況を受け、新たにネットゼロの長期目標に対する基準を発表しています。従来のSBT目標では、グロスの排出量の削減が対象となっていましたが、ネットゼロ基準では、$CO_2$の除去や排出量のオフセットも対象となることから、クレジットの活用も含めて目標を設定していくことになるとみられます。

### ③　RE100の概要

RE100とは、企業が事業で使用する電力を100%再エネで賄うことを目標としてコミットするイニシアチブで、2014年に設立されました。RE100はCDPとのパートナーシップの下で、The Climate Group が運営しています。RE100は参加可能な企業の対象として、条件が設定されており、国内外での認知度・信頼度が高い企業であること、主要な多国籍企業であること（フォーチュン1000またはそれに相当）、電力消費量が大きい企業であること（年間100GWh以上相当、日本では50GWh以上）、RE100の目的に寄与・何らかの影響を有する企業であること、のいずれかの条件を満たしていることが前提となっています。その上で、RE100の企業として認定されるためには、遅くとも2050年までに100％再エネを達成する目標を設定することが求められます。

また、再エネ普及に向けて政府へ積極的に働きかけていくことを前提として、最終的な目標に向けて、中間目標を設定することが推奨されています。中間目標は2030年断面で60％、2040年断面で90％が参照する水準として示されています。認定された企業は、毎年1回、電力消費量や再エネ購入量、再エネ発電量等について報告することが求められます。RE100では、再生可能エネルギーの調達方法が設定されており、企業は下記のいずれかの方法を通じて再生可能エネルギーを調達します。

- 企業が保有する発電設備による発電
- 企業の敷地内に設置した他社が保有する設備からの電力購入
- 企業の敷地外に設置した発電設備から専用線を経由して直接購入
- 企業の敷地外に設置した発電設備から系統を経由して直接購入
- 電力小売会社と再エネ起源の電力メニューを契約
- 再エネ電力証書の購入

RE100に参加する企業は年々増加しており、2022年3月時点で世界全体で約

356社、そのうち日本企業は約66社で、日本はアメリカの93社に次いでRE100参加企業が多い国となっています。

### ④　TCFDの概要

TCFDとは、G20財務大臣および中央銀行総裁の要請を受け、金融安定理事会により、気候変動関連の情報開示や金融機関の対応について検討するために2015年に設立されたタスクフォースです。TCFDでは、企業の年次財務報告において、財務に影響がある気候変動関連のリスクと機会について開示することを推奨する提言をまとめた報告書を公表しています（最終報告書は2017年に公表）。TCFDの提言では、具体的には下記の4つのテーマについて開示することを求めています。

- ガバナンス：どのような体制で検討し、どのようにそれを企業経営に反映しているか。
- 戦略：短期・中期・長期にわたり、企業経営にどのような影響を与えるか。またそれについてどう考えたか。
- リスク管理：気候変動のリスクについて、どのように特定、評価し、またそれを低減しようとしているか。

●指標と目標：リスクと機会の評価について、どのような指標を用いて判断し、目標への進捗度を評価しているか。

ＴＣＦＤの趣旨に賛同する企業・機関は年々増加しており、２０２２年４月時点で世界全体では金融機関をはじめとする３２７８の企業・機関、そのうち日本では８２１の企業・機関が賛同しています。賛同機関数では、日本は世界で最も数が多い国になっています。

日本の上場企業に適用する企業統治指針であるコーポレートガバナンス・コードについて、２０２１年に施行された改訂案では、２０２２年４月の市場再編で従来の市場１部を引き継ぐプライム市場に上場する企業に対して、東京証券取引所がＴＣＦＤが提言するフレームに沿った形で企業の情報開示を求める内容になっており、ＴＣＦＤへの対応はさらに加速するものとみられます。

**排出量算定・報告基準**

ＣＤＰ、ＳＢＴ、ＲＥ１００などの国際イニシアチブでは、ＧＨＧプロトコルと呼ばれるガイドラインに基づいて温室効果ガスの排出量を報告することを求めています。ＧＨＧプロトコルとは、１９９８年にＷＲＩ（世界資源研究所）とＷＢＣＳＤ（世界環境経済人協議会）によって共同で設立されたイニシアチブが発行しているガイドラインで、温室効果ガス排出量の算定・報告に関する基準をまとめています。このGHGプロトコルの基準は、排出量算定・報告の国際的なデファクトスタンダードになりつつあります。

GHGプロトコルでは、GHGが排出される段階に応じて、温室効果ガス排出量の算定対象をスコープ1～3の3つに分類しています。スコープ1は、事業者自らによる直接排出で、石油、ガスなどの燃料の燃焼や製品製造などの工業プロセス等が対象となります。スコープ2は、他者から供給された電気、熱、蒸気の使用に伴う間接排出で、電力会社からの電力の購入や熱供給事業者からの熱の購入が対象となります。スコープ3は、スコープ1、スコープ2に含まれない事業者の活動に関わる間接排出で、事業者のサプライチェーンに関わる他者の活動や自社の従業員の移動などが対象となります。スコープ3は、15のカテゴリに分類されており、業種やビジネスモデルによって、15のカテゴリの各排出量は大きく異なるため、事業者の特性が特に反映されます。

従来では、事業者における排出削減の取り組みは、スコープ1、スコープ2排出量を対象としたものが中心でしたが、昨今ではサプライチェーン全体の排出削減を目指すトレンドを背景として、スコープ3排出量への対応の重要性も高まってきています（図表1－5）。

一方、日本では、2006年に改正された「地球温暖化対策の推進に関する法律（温対法）」に基づき、GHGの排出量が多い事業者や一部の輸送事業者に対して、自らのGHGの排出量を算定し、国に報告することを義務付ける「温室効果ガス排出量算定・報告・公表制度（SHK制度）」があります。SHK制度では、報告の対象となる事業者は、主に基礎排出量と調整後排出量の2つの排出量について算定し、報告します。基礎排出量は、エネルギー起源$CO_2$、非エネルギー起源$CO_2$、その他温室効果ガスについて、政省令で定めら

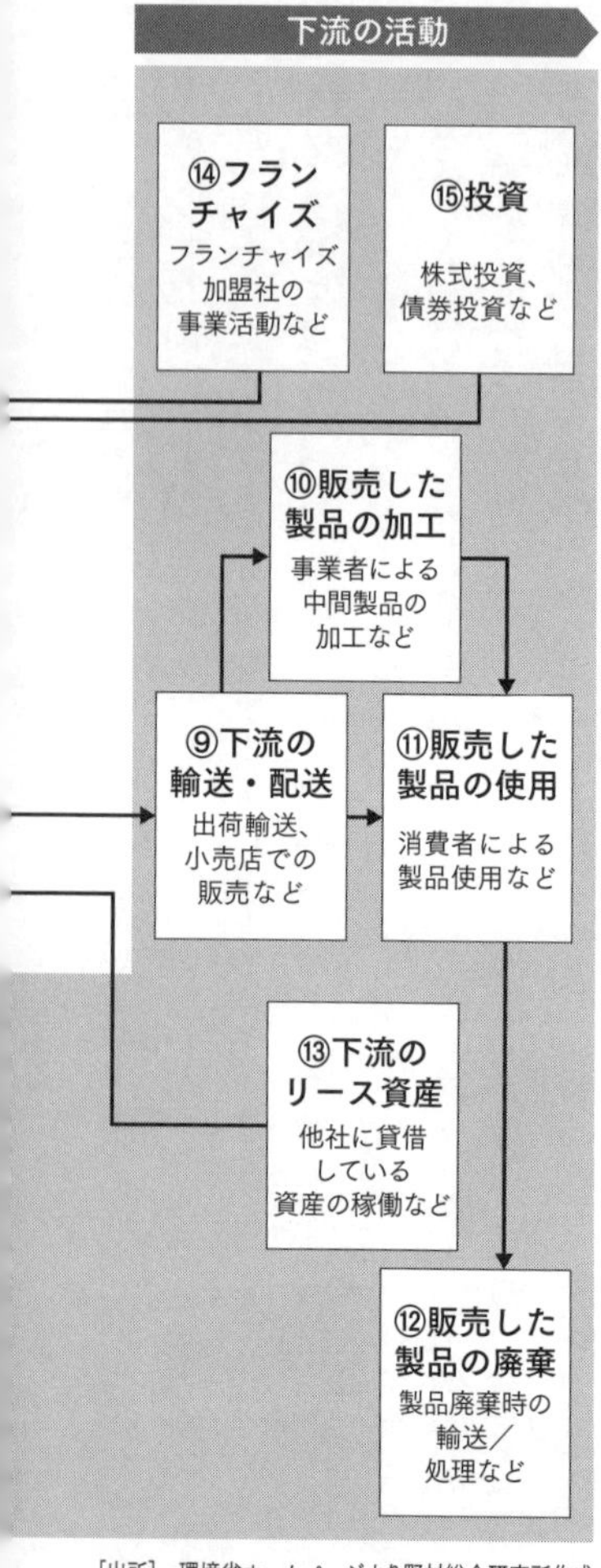

［出所］ 環境省ホームページより野村総合研究所作成

図表1-5　GHGプロトコルのスコープ1・2と スコープ3のカテゴリ

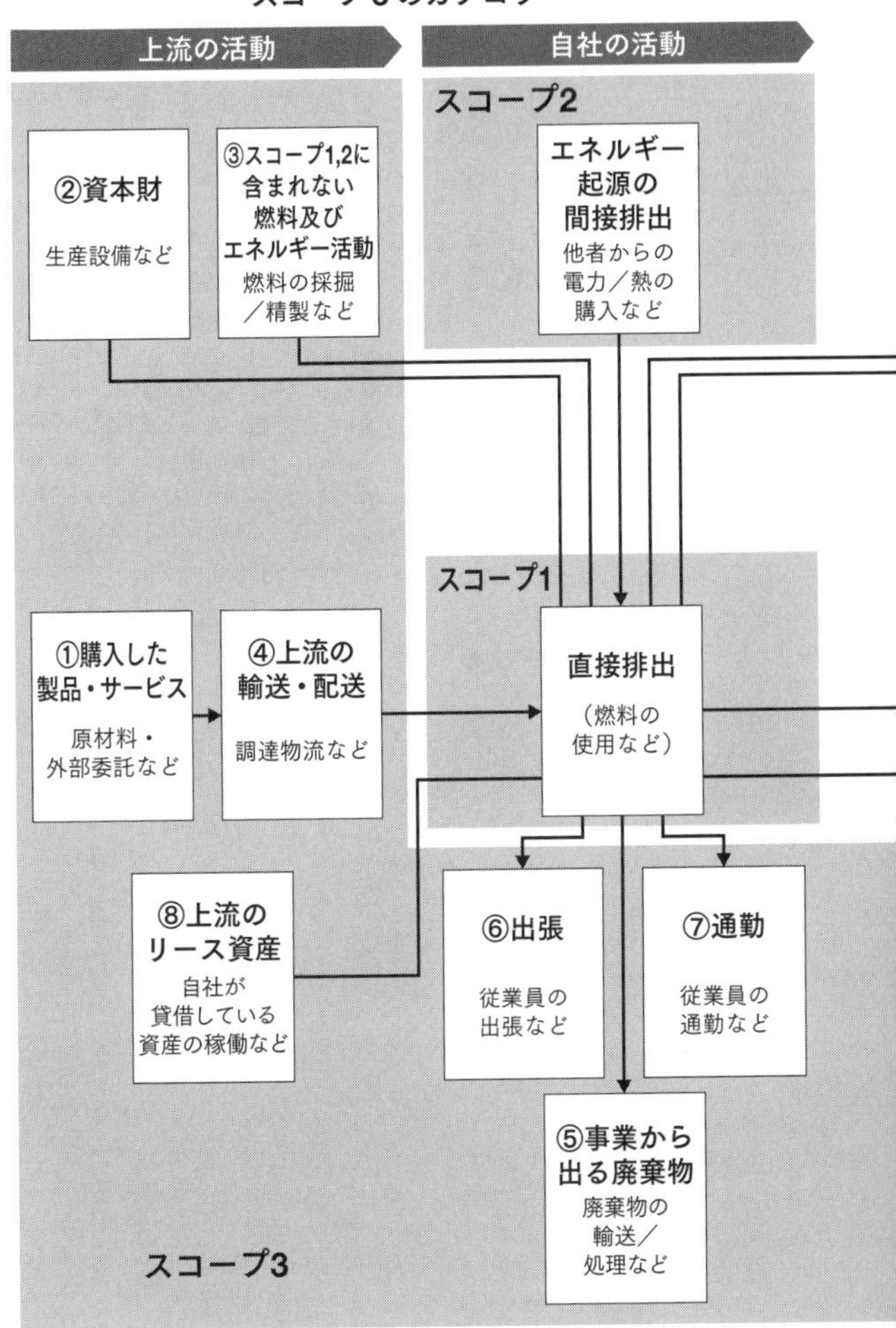

れている算定方法・排出係数を用いて算定するものです。調整後排出量も、エネルギー起源$CO_2$、非エネルギー起源$CO_2$、その他温室効果ガスを算定しますが、基礎排出量と算定が異なります。エネルギー起源$CO_2$の算定では、例えば電力の使用に伴う排出量は、基礎排出量では契約する電力会社共通の排出原単位を使用しますが、調整後排出量では契約している電力メニュー固有の排出原単位を使用します。そのため、$CO_2$排出の原単位がゼロの再エネメニューを契約することで排出量を抑制する効果は調整後排出量で考慮されることになります。また、調整後排出量では、J―クレジットなどのクレジットの取得分を自らの排出量から差し引くことで相殺することができます。

GHGプロトコルとSHKの排出量算定の考え方は、類似する点も多いですが、一部異なる点もありますので留意が必要です。例えば、現行のGHGプロトコルでは、排出量の算定においてクレジットによるオフセットを考慮しませんが、前述の通り、SHKにおける調整後排出量ではクレジットによるオフセットが考慮されます。事業者としては、国際イニシアチブや温対法など、報告の用途によって、それぞれが求める排出量算定に対応していくことが求められます。

# 第2章

# カーボンニュートラルを実現する技術・ソリューション

# 1　排出量の可視化と管理

## ライフサイクルアセスメント

カーボンニュートラルを実現するには、まず、どこでどのくらいの温室効果ガスが排出されているのかを正確に把握することが重要です。各企業は自社の製品やサービスに関わる活動に関して、どの活動によってどのくらいの排出量があるのかを正確に可視化・管理することで初めて、どの活動において削減をすべきか・できるか、およびどの程度回収・貯蔵・固定・活用やオフセットに取り組むべきか等に関する有益な目標・計画を立てることができます。

製品やサービスに関する、温室効果ガスの排出をはじめとした環境負荷を把握するための手法として、ＬＣＡ（life-cycle assessment：ライフサイクルアセスメント）という評価方法が広く知られています。ＬＣＡは、製品・サービスのライフサイクル全体における環境負荷を定量的に評価するための手法です。ここで、ライフサイクル全体とは、製品・サービスに関する資源採取や原料生産、製造、輸送、販売から、使用、廃棄、再利用までの各段階を指しています。また、環境負荷としては、$CO_2$による地球温暖化に限らず、$NO_x$、$SO_2$等によるその他大気汚染や、窒素・リン・重金属等による水質汚染などが対象となります。

ＬＣＡは、製品・サービスのライフサイクル全体の環境負荷に着目することで、包括的な視点から、より環境負荷の少ない製品・サービスを選定・実現することに寄与します。例えば、ある消費者が、$CO_2$排出による地球温暖化への影響の低いエアコンを購入したいと考えた時、何を基準として製品を選べばよいでしょうか。

省エネ性能に優れ高度な機能を持つ製品Ａと一般的な機能の製品Ｂを比較するとします。エアコンを使う際の$CO_2$排出だけを考えれば、省エネ性能が高い製品Ａの方が電力消費が低く、環境負荷が小さいといえるでしょう。一方で、エアコンを製造する段階での$CO_2$排出を考えると、より高度で複雑な設計の製品Ａの方が簡易なつくりの製品Ｂよりも$CO_2$を多く排出しているかもしれません。また、エアコンを廃棄する際の排出まで考えた場合に、製品Ｂの方がリサイクルできる部分が多く$CO_2$排出を抑えられているかもしれません。このように、真に$CO_2$排出が小さい製品を選択するためには、製品の使用時だけでなく、製品の製造、利用、廃棄に至るまでのライフサイクル全体で、$CO_2$排出量を比較することが必要となります。そのための手法として、ＬＣＡが用いられています。

**図表 2-1　ライフサイクルアセスメントの実施プロセス**

| | | |
|---|---|---|
| Step1 | 目的・評価範囲の設定 | ●LCAの実施目的とその範囲を定める |
| Step2 | インベントリ分析 | ●製品・サービスのライフサイクルの各段階におけるインプット（資源やエネルギー）とアウトプット（製品・排出物）のデータを収集し、その関係表を作成する |
| Step3 | 影響評価 | ●インベントリ分析で得られた環境負荷データ（$CO_2$、NOx、SOx等）から、環境問題（地球温暖化、水質汚染等）への影響を評価する |
| Step4 | 解釈 | ●インベントリ分析・影響評価結果を、LCA実施目的に応じて解釈する |

［出所］ ISO14040より野村総合研究所作成

ＬＣＡは、１９６９年に米国のコカ・コーラ社が現在のフランクリン研究所に委託して実施した飲料容器（瓶・缶）の環境評価がその始まりといわれており、その後、環境意識の高まりに合わせて、その手法は整備・活用されてきました。現在は、ＩＳＯ（International Organization for Standardization：国際標準化機構）による環境マネジメント規格であるＩＳＯ１４０００シリーズにおいて、ＬＣＡの手法は、規定・標準化されています。そのＩＳＯ（ＩＳＯ１４０４０）が定めるＬＣＡの実施プロセスは４つのステップになっています（図表2－1）。

Step1では、目的・評価範囲の設定を行います。LCAを行う目的を定め、その目的に合わせて、LCAの対象を定めます。これに応じて、以降のステップでの方法が決まります。具体的には、結果を何に用いるために評価を行うか、どのような製品・サービスを対象とするか、何の環境への影響について評価を行うか（地球温暖化、大気汚染、水質汚染など）を定めていきます。

Step2では、インベントリ分析を行います。Step1で設定した対象の製品・サービスに関して、ライフサイクルの各段階において必要なインプットとアウトプットの関係を整理し、明細表の形に整理します。

Step3では、インベントリ分析において把握された環境に影響を及ぼす各項目（例：$CO_2$排出量）が、環境問題（例：地球温暖化）に対して与える影響を定量的に評価します。

Step4では、これまでのステップで得られた結果を解釈します。具体的には、環境への影響を低減するために、重要なライフサイクル上のプロセスの特定や、用いた分析手法やデータの制約などに関する考察を行います。

## カーボンフットプリント

カーボンフットプリント（carbon footprint）とは直訳すると、「炭素の足跡」となりますが、個人や企業が種々の活動を通じて排出する温室効果ガス（$CO_2$換算）を指す場合と、企業が提供する製品・サービスのライフサイクル全体を通じて排出される温室効果ガスの排出量を表示する仕組みのことを指す場合があります。いずれも、活動ごとやサプライチェーンごとなどで排出量を算出し、見える化することが重要です。

製品・サービスに温室効果ガス排出量を表示する仕組みとしてのカーボンフットプリントでは、ライフサイクル全体での排出量把握のために、上述のＬＣＡの手法が用いられます。このカーボンフットプリントを通じて、消費者は、自身の利用する製品・サービスに関する排出量を把握・意識し、より低炭素な製品・サービスを選択する機会を得ることができます。そして、その結果として、製品・サービスを提供する事業者によるライフサイクル全体を見据えた排出量削減活動の推進が後押しされることが期待されます。

製品・サービスに温室効果ガス排出量を表示する仕組みとしてのカーボンフットプリントは、イギリスにおいて提唱され、２００７年に世界初のカーボンフットプリントのラベルが複数の消費財に導入されたとされています。日本においては、２００９年度より政府主導

**図表2-2 「SuMPO環境ラベルプログラム」の参加の流れ**

| | | |
|---|---|---|
| Step1 | 製品カテゴリールールの選定 or 策定 | ● 認定を取得したい製品のカテゴリールールを選定、もしくは作成 |
| Step2 | 算定・宣言（案）の作成 | ● 宣言の種類（エコリーフ or カーボンフットプリント）を選択<br>● 製品の環境影響を算定 |
| Step3 | 検証 | ● 第三者による検証 |
| Step4 | 宣言の登録公開 | ● 宣言のウェブサイト公開<br>● エコリーフマーク／カーボンフットプリントマークの使用 |

［出所］一般社団法人サステナブル経営推進機構ホームページ

で、試行的な取り組みが始められました。そして、その後、「カーボンフットプリントコミュニケーションプログラム（CFPプログラム）」としての運営、エコリーフ環境ラベルプログラムとの統合による「JEMAI環境ラベルプログラム」としての運営を経て、2019年10月からは「エコリーフ環境プログラム」、2022年4月からは「SuMPO環境ラベルプログラム」という名称で、一般社団法人サステナブル経営推進機構（SuMPO）による運営が行われています。

現行プログラム（「SuMPO環境プログラム」）における、事業者として、カーボンフットプリントのラベルを利用するまでの流れを図表2−2に示します。

カーボンフットプリント等を活用したい事業者は、まず、認定を取得したい製品のカテゴリールールの選定を行います。カテゴリールールとは、製品別の算定と宣言に関する基本ルールのことで、PCR（Product Category Rule）といわれます。ここで、認定を取得したい製品のカテゴリールールが存在しない場合には、新たに作成を行う必要があります。

次に、製品の環境影響の算定を行い、当該プログラムを活用して行う宣言の案を作成します。算定は、申請事業者自身が行う必要がありますが、サステナブル経営推進機構が算定ツールを保有しており、各事業者にツールを貸与しています。各事業者は、活動量データを入力し、原単位を選択することで、当該プログラムに対応した形式で算出できます。算定結果を用いた宣言の案作成においては、事業者は、宣言の種類を〝カーボンフットプリント〟と〝エコリーフ〟から選択します。カーボンフットプリントが〝気候変動〟のみを対象とするのに対して、エコリーフは、気候変動を含む複数の環境影響領域（酸性化、資源消費等）を対象とするものです。したがって、事業者は、現在、最も着目される環境問題である気候変動へのインパクトにフォーカスした対応を行いたい場合はカーボンフットプリントを、気候変動を含んだ包括的な環境影響に関する対応を行う場合は、エコリーフを選ぶことができま

**図表 2-3　エコリーフ・カーボンフットプリントのマーク**

エコリーフ

カーボンフットプリント

［出所］ 一般社団法人サステナブル経営推進機構

す。

続いて、事業者が行った算定に対して、第三者による検証が行われます。事業者が製品ごとに個品別に検証料を支払い、第三者が事業者による申請書を基に書面で検証を行います。

検証が済むと、事業者は登録公開申請を行います。これにより、検証に合格した製品の宣言が、「SuMPO環境ラベルプログラム」のウェブサイト上に公開され、事業者はカーボンフットプリント・エコリーフのマークを使用することができるようになります（図表2－3）。

カーボンフットプリント・エコリーフは、食品、生活用品、プリンタ等の最終製品に加えて、鉄鋼製品やプラスチック原料等の中間財にも適用されています。しかし、現状、適用は一部の製品に限られており、消費者に排出に関する気づきと、低排出な製品の選択機会を与えるという目的のためには、さらなる活用促進が求められるところです。

## カーボンマネジメントシステム

各企業の排出量の開示・報告に対する規制や社会的な要請は高まってきています。自社自身の事業所や工場などで燃料や電気等を使うことによる排出はもちろんのこと、近年は、サプライチェーン全体での排出量の開示・報告が求められるようになってきています。前述のCDPなど企業の環境評価では、サプライチェーン全体の排出量に関する設問・開示が定着しており、SBTでもサプライチェーン全体（スコープ3）に関する目標設定が求められています。

しかし、企業の活動は、非常に多岐にわたるため、企業活動全体に関わる正確な排出量の把握は容易ではありません。特に、サプライチェーン全体での排出量把握（LCA評価）は、他社の活動に関する排出量把握が必要となりますので、その算定の難易度は低くありません。そこで、排出量算出を行うための支援ツールが多くの団体や企業などによって提供されています。

温室効果ガスの排出量を算定・管理するためのツールには、様々な種類があり、一般的にはカーボンマネジメントシステム・ソフトウェア、LCAシステム・ソフトウェアなどと呼ばれることが多いです。これらに明確な定義はなく、温室効果ガス排出量算出のみを対象にしたものから、その他の環境負荷を対象にするものまで存在しています。また、これらのツールを提供する事業者も多岐にわたっています。カーボンマネジメント・LCAソフトウェアを主力製品として提供する事業者に加えて、業務システムを扱うシステム会社、エネルギー会社や、重電・電気機器メーカーなどが、各企業の排出量算出・管理を行うためのシステム・ソフトウェアを提供しています。以下では、これらの一例として、GaBiというソフトウェアについて紹介します。

GaBiは、spheraという米国シカゴに本社を持つ企業が提供するソフトウェアで、LCAソフトウェアとしては世界一のシェアを持つといわれています。2021年までに25年以上の実績を有しており、1万を超えるユーザーを持っています。世界中の企業が利用しており、日本企業では、トヨタ自動車、ソニー、東芝等の様々な企業がGaBiのユーザー企業として挙げられています。

GaBiが持つ基本的な機能としては、①データ収集機能（データ変換ツール）、②データベース機能（算定に必要な地域・業界等ごとのデータセット）、③モデリング機能、④分析機能、⑤レポート作成機能、等があります。

まず、ユーザーは、GaBi の①データ収集機能を用いることで、様々な企業活動に関するデータを効率的に収集し、算出に使える形に変換することができます。②データベース機能では、排出量計算を行うために必要な、グローバルな主要データベースにアクセスができます（例えば、World Steel Association や Eurofer, Plastics Europe といった産業界から提供を受けたデータや ecoinvent、US LCI、ELCD 等のデータベースが利用可能とされています）。さらに、GaBi は、豊富なユーザーの利用実績を背景に、排出量算出に必要な独自のデータベースも保有しています。また、③モデリング機能では、製品製造などに関するプロセスを、視覚的な操作でモデル化することができます。さらに、④分析機能では、製品製造等に関わる各種パラメータを変化させたときに、排出量がどのように変化するのかについてのシナリオ分析・感度分析等を行うことができます。モデリング・分析機能を活用することで、より環境負荷の小さい製品の設計や生産、サプライヤー・流通経路の選定などを検討・実現することが可能となります。最後に、⑤レポート作成機能では、各種規制や評価手法に整合したレポート作成や結果の見える化等を行うことができます。

GaBi のようなカーボンマネジメント・LCAシステム・ソフトウェアは、前述のように既に多くの企業に用いられていますが、実は、日本では依然として多くの企業が$CO_2$排出量算出においてはこれらのツールを用いずに、Excel等で算出を行っている場合が大半のようです。しかし、今後、サプライチェーン全体での排出量管理（スコープ3対応）の必要性が高まり、かつ低炭素化に向けてより正確な排出量管理も必要となることが想定されますので、日本でも、カーボンマネジメントシステム等のニーズは高まっていくでしょう。

## 2　排出量の削減

### 排出活動量の削減

一般的に、事業者が排出する$CO_2$排出は、「排出活動量」×「排出原単位」で算定されます。ここでは、「排出活動量」の削減について説明します。$CO_2$排出を伴う活動量を削減する方法として、「プロセス転換による排出活動量の削減」と「省エネルギーによる排出活動量の削減」が考えられます。

### 〈プロセス転換による排出活動量の削減〉

排出活動量を削減するための主要な施策として、事業活動内のプロセスを転換することが挙げられます。脱炭素の観点からは、特に業務プロセスの改善と製造業における製造プロセスの転換が重要です。

業務部門においては、省エネ機器の使用による排出削減対策が中心ですが、DX化の促進により業務プロセスの転換・最適化が進んでいることで排出活動量自体の抑制も進んでいます。業務プロセスの転換・最適化の主たる目的は業務の効率化やそれに伴うコスト削減ですが、結果として脱炭素化にも寄与するというケースも多いです。例えば、ペーパレス化による紙の使用量の削減やweb会議の実施等による出張削減など一つ一つの削減量は小さいですが、個々の業務の積み重ねによって排出量の削減に繋がります。

製造業の中でも素材産業はエネルギーを多く消費する産業であるため、その製造プロセスの転換に期待されるところは大きいです。ただ、製造プロセスの転換を進めるにあたっては技術が確立していないこともあり、その場合は技術革新が課題となります。経済産業省は、製造プロセスの転換に向けて促進すべきイノベーションの事例として、①鉄鋼における水素還元鉄、②化学における人工光合成、③セメント・コンクリートにおける$CO_2$吸収セメントを挙げています。

① 鉄鋼

鉄は用途が広く、使用量も莫大であるため、鉄鋼業からの$CO_2$排出量は非常に多くなっています。その中でも、排出量の多いプロセスが鉄鉱石還元です。現在の製造方法では、高炉を用いて酸化している鉄鉱石（$Fe_2O_3$）を石炭起源のコークスと反応させて鉄（Fe）と二酸化炭素（$CO_2$）へと還元するため、$CO_2$の排出は避けられません。

鉄鉱石は現在の社会の基盤の一つでもあるため、$CO_2$を排出するからといって、製造を取りやめるということは現実的ではありません。そこで、水素を活用した鉄鉱石の還元技術の開発が進められています。これは鉄鉱石（$Fe_2O_3$）に水素（$H_2$）と熱を加えて反応させることで鉄（Fe）と水（$H_2O$）へと還元する手法です。この手法では$CO_2$を排出しませんが、大量の水素が必要になり、現時点では非常にコストがかかってしまうことや、水素の製造方法によってはそのプロセスにおいて$CO_2$を排出してしまうということが課題です。

その他の手段として、既に確立された電炉の技術を用いてスクラップ鉄から不純物を除去し、高品質の鉄につくりなおす手法にも注目が集まっています。ただ、電炉を活用する場合には大量の電力が必要になるため、化石燃料起源の電力を用いるのではなく、再エネ起源の電力を使用しなければ排出量削減に寄与しないということが課題です。

その他にも米国のベンチャー企業であるボストン・メタル社が開発している、酸化鉄に電子を衝突させることで鉄分子を抽出する手法にも注目が集まっており、2021年1月にはシリーズBとして5000万ドルを調達しています。

鉄鋼業界全体の詳細については、第3章で解説しています。

② 化学

化学産業は、エネルギー多消費産業であり、日本全体の$CO_2$排出量では、電力、鉄鋼に次いで3番目に排出量が多いです。そのため、今までも多様な排出削減施策が検討されてきており、プロセス転換に関わるものでも複数の施策が検討されています。例えば、日本化学工業協会は2030年までに、二酸化炭素原料化基幹化学製造プロセス技術の開発で29・6万kL、非可食植物由来原料による高効率化学品製造プロセス技術開発で10・5万kL、有機ケイ素機能性化学品製造プロセス技術開発で27・9万kL、革新的印刷技術による省エネ型電子デバイス製造プロセス開発で169・8万kLの削減を見込んでいます。

特に、有機化学製品は原料として炭素が不可欠です。現在はナフサを活用した石油化学が主流となっており、ナフサを８００℃の高温で熱分解することで様々な派生品を生産することになりますが、そのプロセスにおいてオフガス（炭化水素）が不可避的に発生してしまいます。このプロセスにおける脱炭素の手段として、オレフィンなどの基幹化学品を製造する人工光合成という技術に期待が集まっています。

オレフィンを合成する事例について紹介します。現在、オレフィンは石油の熱分解、接触分解によって製造することが一般的です。人工光合成においてはまず光に反応して特定の化学反応を促す物質を用い、太陽光のもとで水から水素と酸素をつくり出します。次に分離膜を通して水素だけを分離し、取り出した水素と$CO_2$とを合わせ、化学合成を促す合成触媒を用い、オレフィンをつくり出すことができます。つまり、既存の製造プロセスと異なり、製造過程で生じる$CO_2$排出を削減するだけでなく、$CO_2$を材料として活用することで既に存在している$CO_2$を削減するネガティブエミッションにも繋がります。しかしながら、コストや生産性の向上においては課題も多く実装に向けては多額の設備導入費用を要するため、メタノールからオレフィンを製造するＭＴＯ（Methanol To Olefine）等の段階を踏んだ上での導入に向けた検討が必要と考えられています。

化学業界全体の詳細については第3章で解説しています。

③ セメント・コンクリート

セメントも生産工程において、$CO_2$を大量に排出してしまう素材の一つです。セメントの主成分である酸化カルシウムは、石灰石（$CaCO_3$）を加熱分解し、酸化カルシウム（CaO）と二酸化炭素（$CO_2$）を発生させるというプロセスから獲得されるのが一般的であるため、この製造プロセス起源の排出量が全体の約6割を占めています。セメントを主材料として製造されるコンクリートも同様です。

これら従来の製造方法に対して、セメントの一部を$CO_2$を吸収しながら固まる特殊な混和材に代替する手法が新たに確立されています。ただ、$CO_2$を吸収させることでコンクリートが酸化しやすくなってしまい鉄筋を組み合わせた場合には錆びやすくなるため、鉄筋構造物への使用は現時点ではできません。そのため、現行では道路・舗装ブロックなど鉄筋を用いない用途に利用されています。そのような課題もありますが、この手法は、製造プロセスにおいて$CO_2$を吸収するため、ネガティブエミッションとしての効果も期待されています。

〈省エネルギーによる排出活動量の削減〉

省エネルギーにより排出活動量を削減する方策として、建物、設備の設計段階から省エネルギー化することが考えられます。オフィスビルを例にとると、オフィスビルのエネルギー消費のうち熱の供給・搬送、照明・コンセントの利用が4割程度を占めていますが、外気の取り入れや採光ができるように設計することで、空調や照明の利用を抑制することができます。他にも通信では、IoTの進展に伴いネットワークに接続する機器が爆発的に増加することで、データセンターによる電力消費を含め非常に多くのエネルギーを消費することにつながってしまいますが、これに対して電力供給を交流から直流へ切り替えることや消費電力を抑えた通信技術の開発によりエネルギー消費の増加を抑制する検討がされています。

他に省エネルギーを実現する方法として、エネルギーマネジメントを通じてオペレーション上のエネルギー消費を削減する方法があります。一般的にはエネルギーマネジメントシステムを導入します。エネルギーマネジメントシステムは、エネルギーの消費量を可視化する機能と、実際に稼働している機器を最適に制御してエネルギー消費を最小化する機能、主に2つの機能があります。普及当初のエネルギーマネジメントシステムは、エネルギー消費を可視化することで、利用者に注意を促し行動変容を求めていくことで省エネを達成するという目的としたものが中心でした。その後、屋根置き太陽光発電、蓄電池、ＥＶなど利用者側に創エネルギーや蓄エネルギーの設備が導入されるようになったことに加え、設備の情報を取得・制御するＩｏＴ技術が発展してきたことで、エネルギーを消費する設備だけでなく、創エネルギーや蓄エネルギーの設備も含めて統合的に制御し、エネルギー消費と電気料金を最小化する機能が強化されています。制御する機器や連携する機能は使用されるシーンによって一様ではありませんので、住宅、オフィスビル、工場などそれぞれの建物・施設の特徴・ニーズに応じた機能が付与されて普及が進んでいます。

省エネルギーは、別の主目的による施策の2次的な効果として得られるケースもあります。例えば、設備の効率的な運用や人手不足対策を目的として最適化を図った結果として、エネルギー消費も抑制されるということもあるでしょう。運輸・物流では、業務改善を目的として、自社車両のフリートマネジメント（車両や配車、経路等の管理）を通じた運行ルートの最適化や共同運送などの施策の結果として、車両全体としての走行距離が短くなり、エネルギー消費量の減少に繋がっています。

## 排出原単位の削減

事業者の$CO_2$排出量（「排出活動量」×「排出原単位」）のうち、「排出活動量」の削減について前述しましたが、ここでは、「排出原単位」の削減について説明します。排出原単位を削減する方法として、「電力の再エネ代替による排出原単位の削減」、「燃料の転換による排出原単位の削減」があります。

〈電力の再エネ代替による排出原単位の削減〉

電気をつくり出す過程の$CO_2$排出量は日本全体の排出量の約4割を占めており、最も排出削減が求められる領域です。日本における電気の使用に伴う平均の排出原単位をみると、2011年の東日本大震災以後、原子力発電所が停止したことを受け、2012年には0・571kg-$CO_2$／kWhまで上昇しましたが、2018年には0・463kg-$CO_2$／kWhまで低下しています。この要因は再生可能エネルギーの拡大とそれに伴う火力発電所の利用率低下が大きく関係しています。

2012年に再生可能エネルギーの固定価格買取制度が本格的に導入されたことを契機として再生可能エネルギーの導入は進み、再エネ電源の比率（図表2－4の「水力」「太陽光」

図表2-4　日本の電源構成の推移

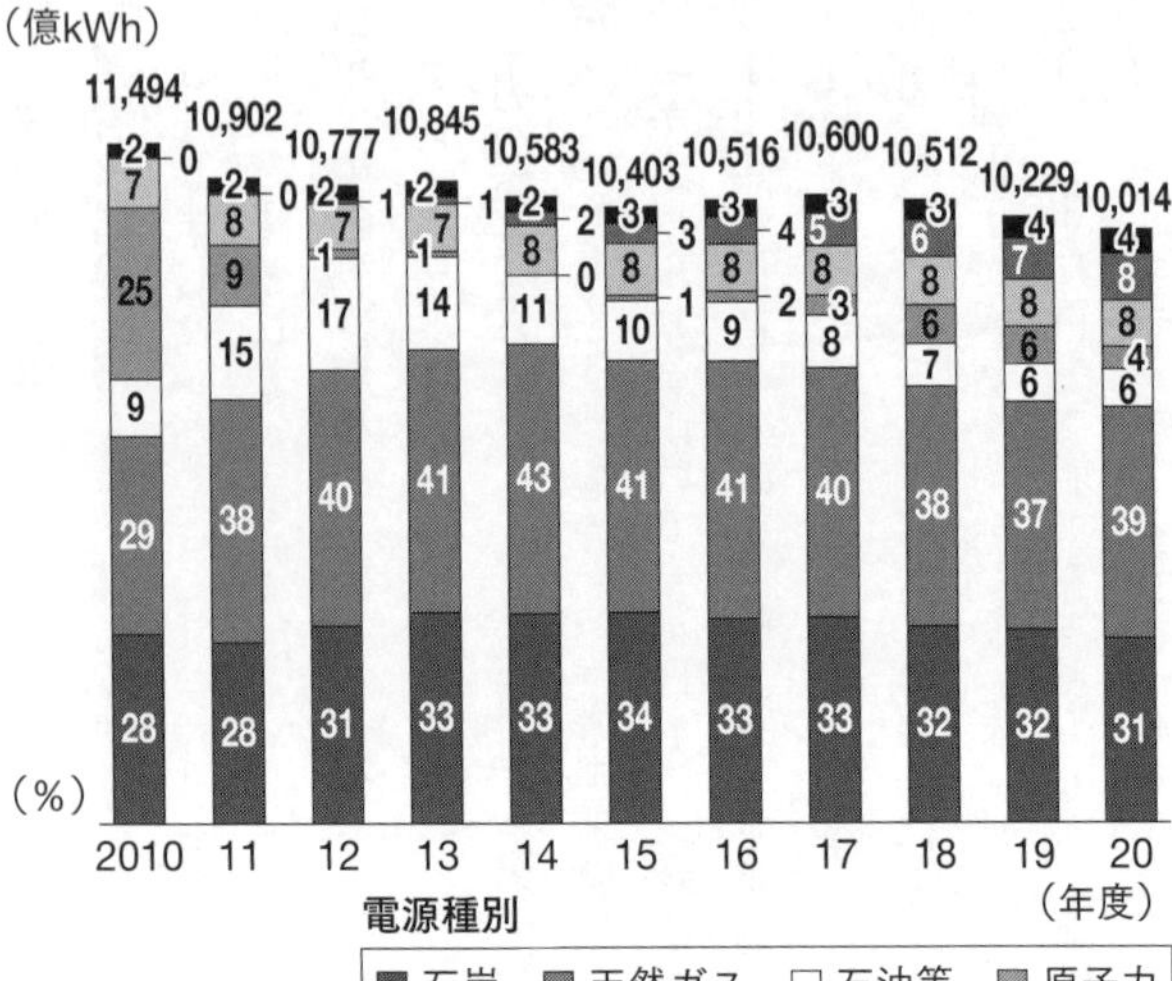


［出所］　資源エネルギー庁「総合エネルギー統計　時系列表（参考表）」より野村総合研究所作成

「その他再エネ」）は２０１２年の10％から、２０２０年には20％と倍増しています。従来の再生可能エネルギーの中心は水力発電でしたが、再生可能エネルギーの利用を拡大していく上で、新たな主力として期待されているのは太陽光発電と風力発電です。他にもバイオマス発電や地熱発電、中小水力発電もありますが、地理的な制約や経済性の要因から、導入は限定的とみられています。

まず、これら再生可能エネルギーそれぞれの導入状況について説明します。

① 太陽光発電

固定価格買取制度の開始後、大量に導入された再生可能エネルギーの中心は太陽光発電でした。太陽光が再エネ導入の中心になった背景には、日本の日射量が多く他の再エネ電源と比較して導入ポテンシャルが高かったという点に加え、コストが最も低くなっているということが挙げられます。

経済産業省の調達価格等算定委員会の資料によれば、事業用太陽光のシステム費用は2012年段階では約40万円／kW程度でしたが、2021年には約25万円／kW程度にまで下がっています。固定価格買取制度における買取価格はコストに連動していますが、2012年の制度開始当初、事業用太陽光（10kW以上）は税別40円／kWhでした。その後劇的に価格は下がっており、2021年度では約11円／kWh程度になっています。これに対して、例えば、東京の一般的な大規模産業向けの料金は約14円／kWhですので、系統から電力を購入するよりも自ら太陽光発電設備を保有し発電したほうが安価に電力を確保することが現実的に可能になりつつあるということを示しています。また、家庭用太陽光

（10kW未満）の買取価格も2012年の制度開始当初の42円／kWhから2021年度には19円／kWhまで下がっています。東京の一般的な家庭向け料金は約26円／kWhですので、家庭の屋根に太陽光発電設備を設置すれば、電力会社から購入するよりも安価に電気を調達することが可能となっていることを示しています。

② 風力発電

太陽光は既に一定の成熟を迎えた技術であると言えますが、もう一つの主力電源として期待が集まっている風力発電、特に洋上風力発電についてはこれから技術の成熟とコストの低減が進むことが期待されています。ただ、2021年までの段階では電源構成に占める風力発電の割合はわずかです。元々、日本は開発されていない大規模な平野部が少ない上、緯度が低いため強い風が安定的に吹かないことから必ずしも風力発電に適した国土ではないという背景もあり、第5次エネルギー基本計画における風力発電の目標導入量は1000万kWで、発電電力量ベースの電源構成ではおよそ1・7％という非常に小さい目標でした。特に、電源構成の議論が行われていた2014年段階では洋上風力はコスト下落が不透明であったことから、導入見込み量は82万kWと風力発電の1割にも満たない値でした。

しかしながら、電力を昼間にしか発電せず、曇天・雨天時に発電電力量が下落する太陽光発電に依存していては系統全体の不安定化を招きかねないこと、欧州を中心に洋上風力発電の発電コストが大幅に下落したこと等を受け、日本国内においても洋上風力の導入を促進するための政策が進められています。目標設定もアップデートされており2020年12月には経済産業省の洋上風力産業ビジョン（第1次）（案）において2030年までに1000万kW、2040年までに浮体式を含む3000万～4000万kWの導入を目指すという野心的な目標が提示されています。この目標が設定された背景には裾野の広い洋上風力の製造拠点を国内に誘致するという産業政策としての側面も含まれています。

洋上風力は直近数年間で劇的に発電コストが下がっています。洋上風力は風車のサイズを大きくすることができるため、発電効率をあげやすいこともあり、特に遠浅で、風況が安定している高緯度地域、ドイツ、デンマーク、イギリスなどの北海沿岸国を中心に急速に導入が拡大していることがコストの下落に大きく貢献していると考えられます。IRENA（国際再生可能エネルギー機関）の「Renewable Power Generation Costs in 2019」によれば、2019年には洋上風力のコストは0・115USD／kWhまで下落しており、火力電源とも競争可能なコストになりつつあります。

一方、日本では洋上風力の固定買取価格は36円／kWh（2014～2019年）から2020年には29円／kWh（秋田県能代市・三種町・男鹿市沖、秋田県由利本荘市（北側・南側）、千葉県銚子市沖を対象にした供給価格の上限額）まで下落していますが、発電コストとしては高い水準です。2030～2035年には発電コストを8～9円／kWhという、市場で競争力を持つ価格まで下げることが目標にされているものの、平均設備利用率が40％を超える欧州と比較すると、国内では30％程度と見込まれており、収益性で劣後する可能性が指摘されています。

風力発電は着床式と呼ばれる海底に杭を打ち付けて固定する形式のものと、浮体式と呼ばれる海底に固定せずに海上に浮遊させる形式のものに分かれます。海深や海底の岩盤によってどちらの形式が適しているのかが判断されることとなります。上述のように、欧州では遠浅の海域を利用して着床式洋上風力の技術が格段に進歩し、コストも低下していますが、一方、日本沿岸部のように海底に岩盤が多く、また海深がすぐに深くなるような地域では着床式のポテンシャルは小さくなるため、浮体式洋上風力を拡大させることが必要になります。

### ③　バイオマス発電

バイオマスは、主に動植物等からつくり出される有機性のエネルギー資源で、化石燃料を除くものの総称です。そのため、燃料によって多様な区分があり、主要なものとしては①一般木質・農作物残渣と呼ばれる製材の端材や木質チップ、パーム椰子殻等、農産物の収穫によって生じる液体燃料としてパーム油、②未利用木質である間伐材や主伐材、③建設資材廃棄物や間伐材、④ゴミや下水汚泥、家畜の糞尿・食品残渣起源のメタンガスなどが挙げられます。

現在のバイオマス発電の導入量は、固定価格買取制度の対象のものが、2020年12月時点で一般木質・農作物残渣が1079万kW、未利用木質が300万kW、建設廃材が121万kW、メタン発酵ガスが8万kW、一般廃棄物・木質以外が385万kWと、一般木質・農作物残渣の比率が圧倒的に高いです。実際に利用の目的も異なっており、一般バイオマス発電は主に既存の火力電源を代替するものとして利用されており、省エネ法の規制を達成するために大規模石炭火力発電所の燃料として石炭と混ぜて利用されています。燃料資源はより安く、大量の木質を安定的に確保することが求められており、輸入材を活用することも多くなっています。

火力への代替木質バイオマスの最も大きな課題はコストの高さですが、それ以外にもパーム油など食用にも適用できる燃料を活用することやヤシ殻などを大量に生産することで生産地の環境を破壊してしまうことが懸念されています。実際に、欧州委員会ではバイオマスは中長期的に、ケースによっては短期的にも生物多様性と環境破壊のリスクがあり、他の再エネ電源と異なる扱いをするべきだとする議論が既に行われています。

一方、それ以外のバイオマスは周辺地域との関係性が強く、地域共生電源としても位置づけられます。燃料資源も地域の生活あるいは産業活動の結果として、生じるものであるといえます。地域内に存在するエネルギーを廃棄するのではなく電力・熱という形で取り出すことで利用を最大化するという作用もありますが、地域における雇用の創出やそこで生じるエネルギーをさらに地域の活性化のために用いるということも考えられます。バイオマスエネルギーを電力だけでなく熱という形で取り出すこともできるという特徴も持っているので、その熱を産業利用する可能性もあります。例えば、温水プールや糞尿の乾燥、ビニールハウス内の温度維持などの用途が考えられます。

### ④　地熱発電

地中深くから取り出された蒸気を活用する地熱発電は、火山帯に属する日本におけるポテンシャルは大きく、賦存量としては世界3位であり、安定的な発電ができる純国産エネルギーとして注目されています。他方で、実際に井戸を掘って蒸気を出さないとその地域でどの程度のポテンシャルが存在するのか把握することが難しいため開発リスクが大きいことや、火山周辺にエネルギーが存在しているという特性から、ポテンシャルがある地区は国立公園や温泉などの施設が存在する地域にあるため地元関係者との調整が必要になるなどの課題があります。そのため導入量は非常に少なくなっています。エネルギー基本計画における目標値は１５０万ｋＷであるにもかかわらず、２０２０年12月時点で固定価格買取制度の対象になっているのは９・２万ｋＷに過ぎず、特に大型の電源の新規開発は非常に限定的です。２０１９年に運転を開始した秋田県山葵沢地熱発電所は４万２０００ｋＷと非常に大規模な電源ですが、1万ｋＷ以上の発電所としては実に23年ぶりでした。

地熱開発の促進のためには、事業者の権利や義務、また関係するステークホルダーとの調整について明確な制度を策定していくことや周辺環境や温泉の源泉への影響を与えないことを示すだけでなく、前述の地域共生電源としてその電気・熱のエネルギーをどのように活用していくのかについても示していくことで地元の事業者をうまく巻き込んでいくことが必要でしょう。

### ⑤ 中小水力発電

大型のダムによる水力発電は最も初期から開発が進んできた再エネ電源です。しかし、大規模な水力発電所は周辺環境への影響も大きいため、さらなる開発が難しい状況です。そこで、大規模な土木工事を伴わずに利用が可能な中小規模の水力発電が新たなエネルギー源になりうるのではないかと考えられています。規模について明確な定義はありませんが、日本の固定価格買取制度では、3万kW未満の電源として定義されています。ただ、発電効率を確保するためには一定の水量や流速が必要になることや農業用水などの既存の水に関する管理との整合をはからなければならないため、開発が可能な土地はそれほど多くないと考えられます。したがって売電用途で大規模な収益をあげるための開発ではなく、水量等に応じて近接する施設で利用することを前提にした開発が進んでいくのではないでしょうか。

ここからは、再生可能エネルギーの調達方法について説明します。

再エネの供給量が増加している一方で、再エネの調達手段も多様化しています。特に、電力会社から再エネプランや証書の調達を行うだけでなく、自ら再エネ発電設備を保有することや自社グループ内で再エネ電力を融通するなど、電力会社に頼らない電力調達の在り方が検討されています。その際には、後述する証書の活用も含めて、自社における再エネに対するニーズや活用方法、需要規模、使用時間帯などの特性に応じて最適な調達スキームの検討を行わなければなりません。

需要家の再エネ調達のスキームは、「自家発電・自家消費」、「小売電気事業者からの購入」、「自然エネルギー起源の証書の購入」、「コーポレートPPA」、「需要家PPS」の5つの類型に分類できます（図表2－5）。特に、需要家自身が発電事業者から再エネ電源を調達するコーポレートPPAという手法は世界的にも拡大を続けています。Bloomberg NEFによればコーポレートPPAの新規契約量は2013年に1GWでしたが、2019年には19・5GWまで拡大しています。これは小売事業者を介さずに電力を安価で安定的に調達することが可能になったことや既存の発電所を活用するのではなく新規電源にも投資していくことが評価されるという考え方の普及によって、北米を中心に普及が進んでいるものと考えられます。

### 図表 2-5　再エネ調達スキームの類型

| 調達方法 | 定義 | スキームのイメージ |
|---|---|---|
| 自家発電・自家消費 | 需要家の敷地内に、自らまたはエネルギーサービスプロバイダ（ESP）が再エネ発電設備を設置し、直接利用する　※一部敷地外でも自家発電とみなされる | 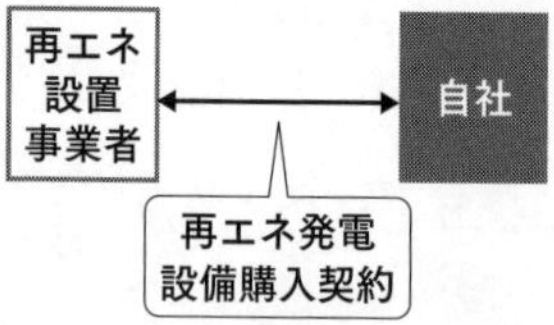 再エネ設置事業者 ⟷ 自社（再エネ発電設備購入契約） |
| 小売電気事業者から購入 | 小売電気事業者の再生可能エネルギーメニューを契約する | 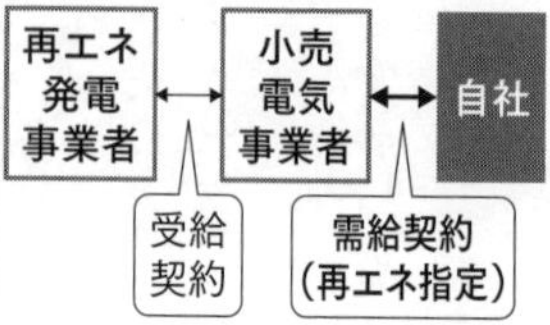 再エネ発電事業者 ⟷ 小売電気事業者 ⟷ 自社（受給契約／需給契約（再エネ指定）） |
| 自然エネルギー起源の証書購入 | 小売電気事業者から、非再エネの電力を調達し、別で市場や相対の取引で環境価値を証書で購入する | 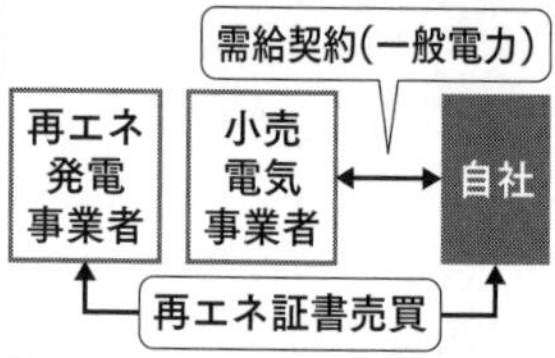 再エネ発電事業者、小売電気事業者 ⟷ 自社（需給契約(一般電力)）、再エネ発電事業者 ⟷ 自社（再エネ証書売買） |
| コーポレートPPA | 発電事業者から、直接、長期契約で電気と環境価値を調達する（ただし、制度上、小売電気事業者が介在）※電気は別で調達する場合もある | 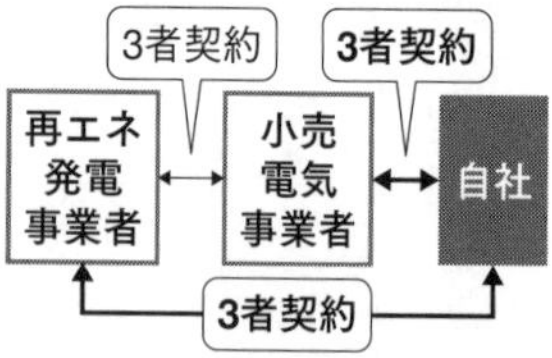 再エネ発電事業者 ⟷ 小売電気事業者 ⟷ 自社（3者契約／3者契約）、再エネ発電事業者 ⟷ 自社（3者契約） |
| 需要家PPS | 需要家が小売電気事業者となり、再エネ発電事業者から電力と環境価値を調達し、自社や自社グループ会社へ供給する | 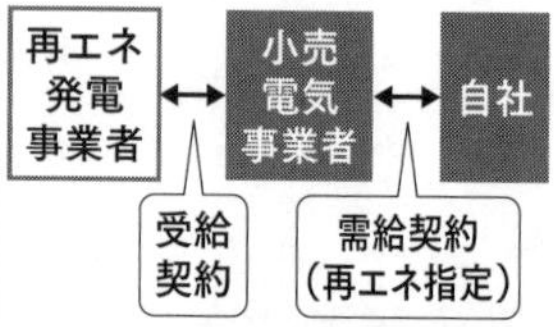 再エネ発電事業者 ⟷ 小売電気事業者 ⟷ 自社（受給契約／需給契約（再エネ指定）） |

［出所］　野村総合研究所

日本では電力の販売を行うことができる主体は小売事業者に限定されているため、海外のコーポレートPPAの事例がそのまま適用されるわけではありませんが、需要家が再エネ電源の調達をより自由に行いやすいような制度検討が進められています。それらの動きを待たず、需要家は自社の再エネ発電所を保有することで再エネ電源の調達に乗り出す動きも現れており、既にトヨタグループは2020年7月に中部電力、豊田通商とトヨタグリーンエナジー有限責任事業組合を設立し国内の再エネ電源の取得・運営を始めていたり、NTTグループも自社で再エネ電源を7・5GW保有し、2030年までに自社で消費する電力の3割を再エネ起源に切り替えるという目標を表明しています。

〈燃料の転換による排出原単位の削減〉

消費する燃料を転換することで排出原単位を削減する手法も考えられます。具体的には、熱需要を電化する方法と、燃料を環境負荷の小さいものに転換する方法の2種類があります。

民生部門における電化を考えると、寒冷地域においては熱需要の重要性が高いため、灯油・ガスは即時に熱を発生させ、外気との熱交換を行わずに熱を供給でき、また一般家庭でも一定の在庫を持ちやすいことから、電気よりも優位性を持っています。そのため、寒冷地では灯油ストーブ等の燃料を消費する活動が多く、実際に北海道の一人あたり$CO_2$排出量は13・1t－$CO_2$／人と、全国平均（10・3t－$CO_2$／人）の約1・3倍であることの一つの要因となっています。

産業用の熱需要の電化については、低温度帯では重油等のボイラーをヒートポンプや電熱線ボイラーに転換することや高温度帯ではバーナー、燃焼炉などを電気炉に転換することが考えられます。しかし、電化設備の機器そのもののコストが高いだけでなく、追加的な受変電設備の導入コストなどが発生することや一設備あたりの熱の供給量に制約があること、熱の与え方が副生物（排ガス、黒液等）の処理といった製造プロセス自体を転換しなければならないケースがあることなどを背景に、導入が進みやすい業種と導入が遅い業種によって実現可否が大きく異なっています。今後は技術開発によりコストの低減を目指し、今まで普及してこなかった業種においても導入が進むことが期待されています。

一方、完全に電化を進めなくとも、重油・石炭などの環境負荷の大きな化石燃料を使うのではなく、代替燃料を活用することで排出原単位の減少が可能です。代替燃料としては、水素・アンモニア、バイオマス（詳細は上述の通り）やメタネーション・プロパネーション

（後述）が検討されています。

水素は、その製造プロセスにおいて$CO_2$を排出しているかに基づき、グレー、ブルー、グリーンの三種類に分類されます。グレー水素は化石資源を原料として製造されるものであり、製造過程で$CO_2$を排出するため、最もコストは安いもののカーボンニュートラル燃料とは言えません。ブルー水素はグレー水素と同じく化石資源を原料として製造されますが、発生する$CO_2$を回収する仕組みを併設することで、実質的に$CO_2$を排出していない燃料として製造されるものです。そして、グリーン水素は、再エネ起源の電力を使った水電解によって製造された水素です。将来的にはグリーン水素を活用することが目指されているものの、安価かつ大量に再エネ電力が確保されなければ、短期的な実現は困難です。そのため、まずはブルー水素の製造手法を確立し、そのコスト低減実現に向けた実証が進められています。また、ブルー・グリーンの燃料の活用に向けては非化石価値を認める等、事業者の収益性を確保するための補助施策が必要となります。

水素は、輸送・貯蔵の流通インフラが整備されていないことが普及の大きな障壁となっています。そこで既存の流通インフラを利用できるアンモニアやメタンなどに水素を転換し、流通させる試みが検討されています。

代替燃料として最も注目されているのは水素・アンモニアです。水素（$H_2$）やアンモニア（$NH_3$）は燃焼時に$CO_2$を排出しないため、カーボンフリーな燃料であるとして注目されています。特に、水素は水と電気や熱を反応させることで製造することができるため、蓄エネルギーの手段としても有用であり、その利用方法に汎用性が高いことから様々な用途に適用できるため、期待が集まっています（図表2－6）。今後様々な領域で水素が活用されていくことで、2050年の最終エネルギー消費に占める水素エネルギーの割合は、IRENAは6%、水素協議会は18%に至るとするロードマップを発表しています。

日本は水素の活用に最も積極的であった国家の一つであり、2017年には世界初となる水素に関する国家戦略を策定し、2019年にはその実現に向けたコスト目標などの深堀りを行った上でロードマップを改訂しています。その基本戦略としては、水素の活用に向けて2050年を視野にいれたビジョンを策定し、将来的にはガソリンやLNGと同程度のコストを実現することです。コスト目標も定められており、現時点では100円／N㎥ですが、2030年までに30円／N㎥、将来的には20円／N㎥を目指すと設定されています。

水素発電はまだ価格競争力がある電源ではありませんが、アンモニアは専焼でも23・5円／kWh、20%の混焼であれば12・9円／kWhと既存の石炭火力の10・4円／kWhに近いコストで発電することが可能です。また、地域による製造コストの差異はあるものの再エネ起源のグリーンアンモニアと比べ、CCUSを活用したブルーアンモニアもグリーンアンモニアの2分の1~3分の1程度のコストであるため、価格競争力があるといえます。

水素・アンモニアの低コスト化のためには3つの条件、①安価な製造方法の確立、②大量に製造・輸送するためのサプライチェーンの構築、③需要の大規模化が挙げられています。

水素のサプライチェーンの構築に関しては国内のみならず、海外を巻き込んだサプライチェーンの構築が必要です。ブルー水素の製造では褐炭等の安価な原料の存在や、回収した二酸化炭素を貯留する場所のポテンシャルが日本では難しいですが海外には多く存在する適地があります。また、グリーン水素の製造に関しても、日本よりも大量の再エネを安価かつ安定的に調達することが可能な地域が海外にあります。既に、川崎重工が岩谷産業やシェルジャパン、電源開発と連携し、オーストラリアの褐炭を利用して水素を製造、国内に運搬するという実証を2016年から検討しており、また現地の鉄鉱石大手のフォーテスキューメタルズグループ、岩谷産業と連携し、再エネ起源の電力を活用したグリーン水素の供給網の事業化検討を開始しています。また、丸紅もアラブ首長国連邦とグリーン水素を活用した水素サプライチェーン検討に向けた覚書を取り交わすなどの動きもあります。

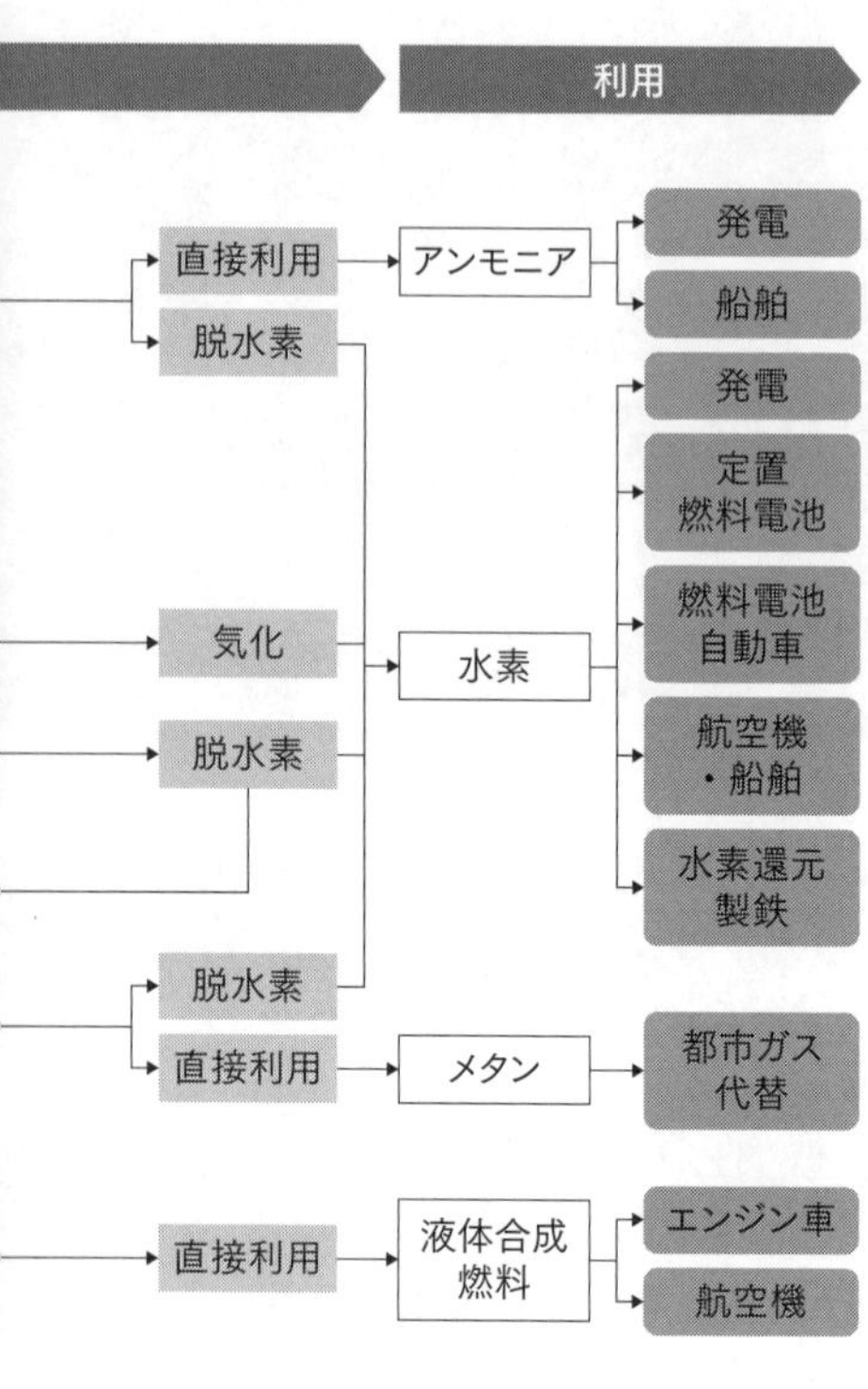


［出所］ 野村総合研究所

コストの低減に向けては大量の需要を国内に確保することが求められます。従来は燃料電池自動車等のモビリティ領域における水素活用が議論の中心でしたが、この領域だけでは需要の確保は十分ではありません。水素基本戦略で掲げられているFCVの普及目標台数は80万台ですが、この消費のために必要な水素の量は8万t程度

図表2-6　水素サプライチェーンの全体像

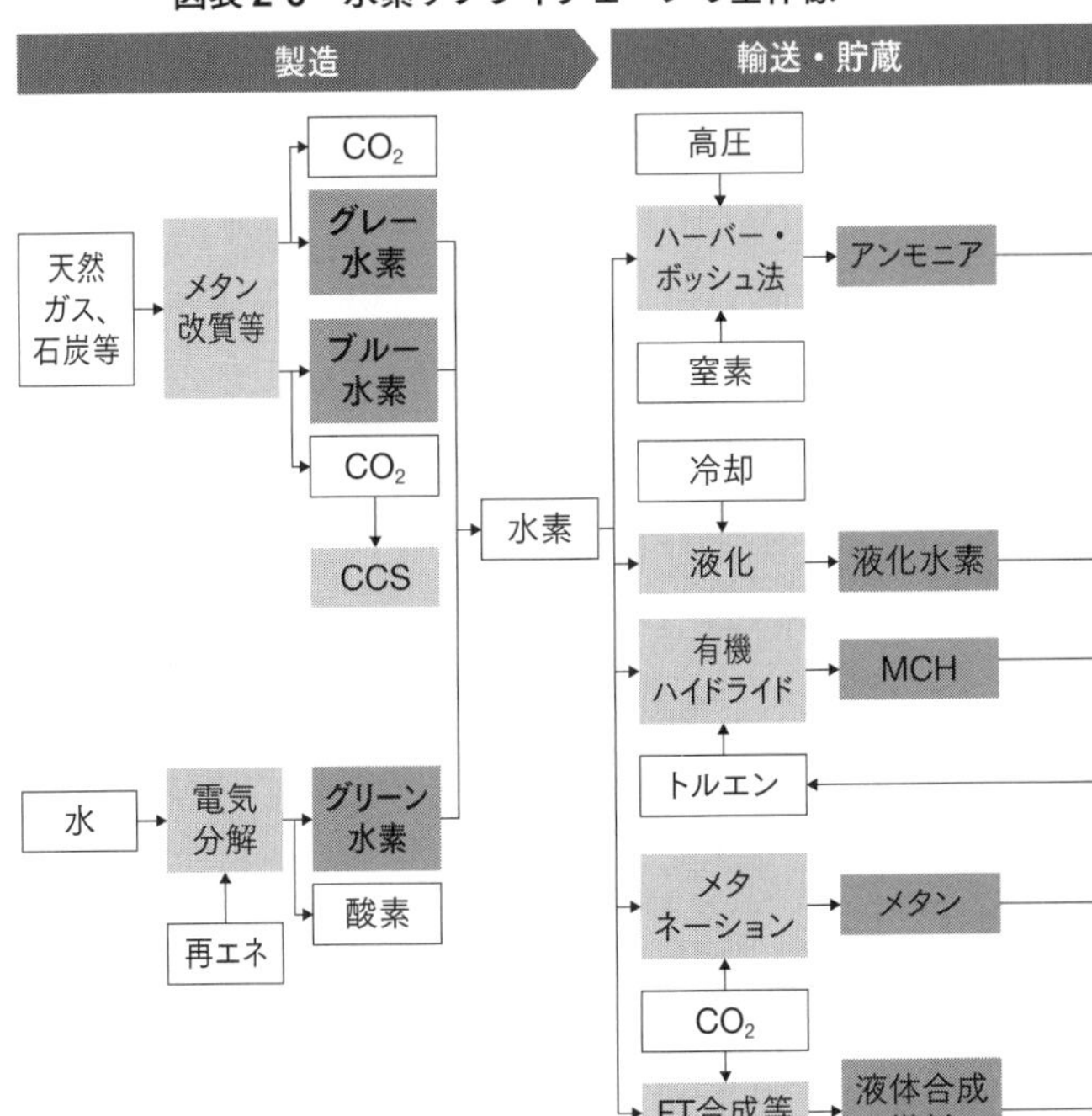


です。
　一方、発電・産業領域での水素消費が普及すれば消費量は桁違いに増加します。例えば、原発1基分に相当する100万kWのためには水素は30万t程度が必要となるからです。既に、国内最大手の発電事業者JERAは火力発電所におけるアンモニア混焼・水素混焼等を実施していくことで、2050年の

ゼロエミッションを目指すロードマップを策定しています。そこでは２０３０年代前半には保有石炭火力全体におけるアンモニア混焼率を20％とし、２０４０年代に向けて専焼化することや、水素も２０３０年代から本格運用を開始していくことが目標に掲げられています。そのため、発電用途を中心に需要が拡大していくことで、産業など他の領域でも水素を活用しやすい環境がつくられていくでしょう。

水素と$CO_2$を合成し、都市ガスやプロパンガスをつくるメタネーション・プロパネーションについてはまだコストの低減や実用化に向けた供給量の確保などの技術的な課題も多いため、今後も継続的な技術開発支援が必要です。

詳細は後述しますが、運輸・交通部門における電化・代替燃料の活用も排出原単位の削減に寄与します。個人車両の電化に向け、自動車大手各社がＥＶなどの次世代自動車を発表しており、本田技研は２０４０年までに新車を全てＥＶ、ＦＣＶ（燃料電池車）とする目標を掲げています。

また、ＮＴＴや東京電力などは自社の所有する車両を特殊車両を除きＥＶ化していく方針を掲げており、法人側の需要からもEV化の波は進んでいくものと考えられます。

## 3　炭素の回収・貯蔵・固定・活用

### カーボンリサイクルとは

安倍首相（当時）は2019年のダボス会議における演説で、気候変動対策として空気中にある$CO_2$を取り除くこと、そしてその$CO_2$を「一番優れた、最も手に入れやすい、多くの用途に適した資源になるかもしれない」と述べて、カーボンリサイクルに向けたイノベーションに取り組んでいくことを示しました。カーボンリサイクルとは図表2－7のように、各産業活動から排出された$CO_2$を回収し、$CO_2$のままで利用または化学的な処理によりメタン等の別の物質へと転換させ資源として利用するという循環サイクルです。もともとは炭素を回収して、貯留するという手法も検討されていましたが、貯留するだけでは純粋なコストとして上乗せされるばかりになってしまいます。そのため、回収した炭素を何らかの形で利用することで炭素そのものの価値を向上させ、事業者が炭素回収を行いやすい市場環境をつくっていくことが必要となります。

図表 2-7　炭素の回収・貯蔵・固定・活用の全体像

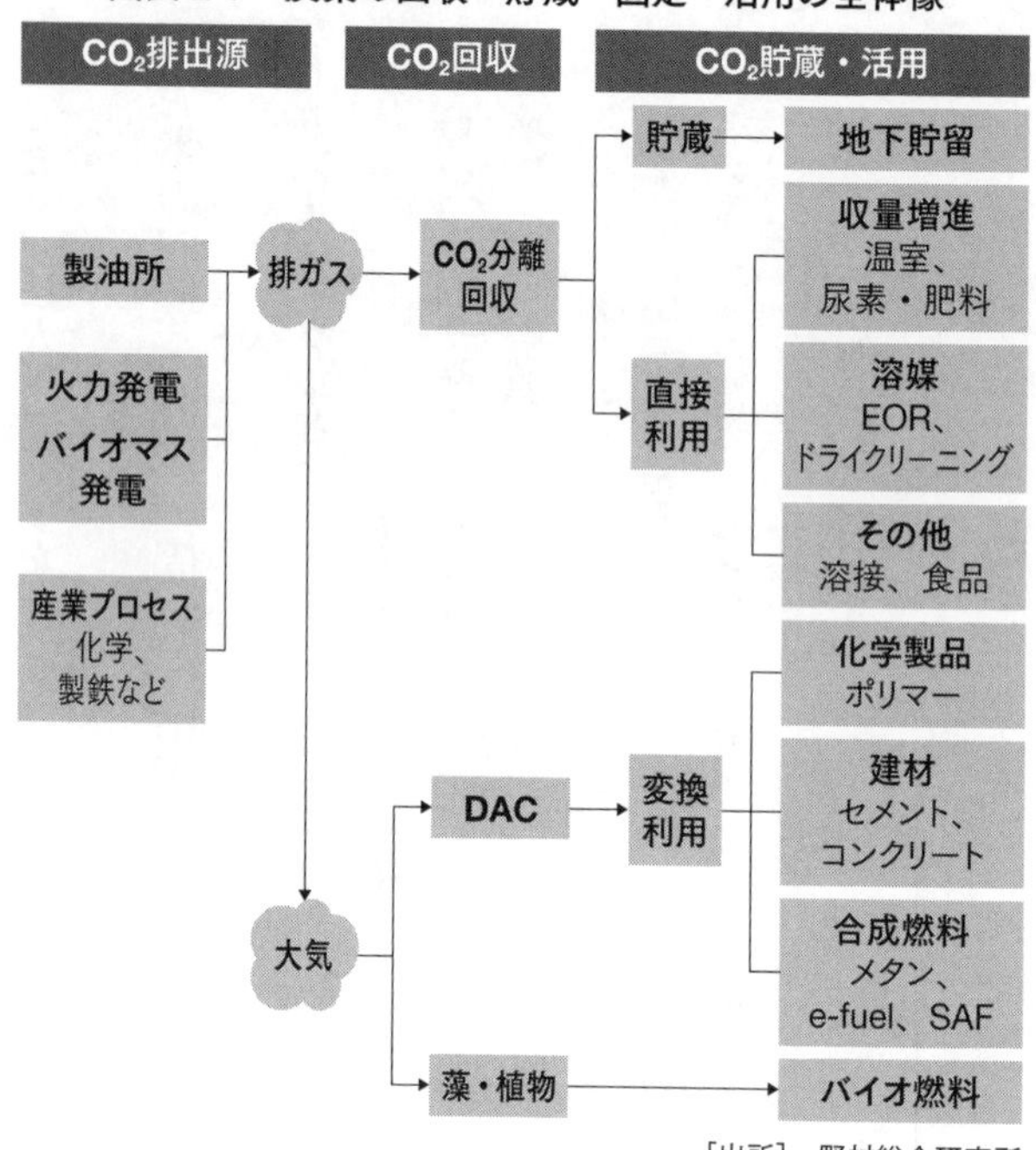


［出所］　野村総合研究所

経済産業省が2020年1月に発表したグリーンイノベーション戦略においては、カーボンリサイクルはカーボンニュートラル社会を実現するためのキーテクノロジーであり、日本に競争力がある領域としてグローバル展開を目指すべき重要な技術と位置づけられています。日本政府はこの重要な技術に関して、世界をリードしていくために資源エネルギー庁にカーボンリサイクル室を設置するとともに、関係各省の連携のもと、カーボンリサイクル技術ロードマップを2019年6月に作成し、今後の方向性を示しました。カーボンリサイクル技術ロードマップでは、2030年までは$CO_2$分離回収技術の確立を中心にイノベーションを進め、2030年頃には一部の技術・商品が市場に普及していくように低コスト化を進展させ、2050年以降にはより多くの製品が一般に普及するように拡大させていくことを目指しています。

## 炭素の回収・貯留・活用の技術・動向

〈$CO_2$の分離回収〉

$CO_2$を活用するためには、何らかの物質、あるいは空気中に存在しているガスの中から$CO_2$だけを分離し、回収する必要があります。$CO_2$の分離回収は、地球温暖化対策ではなく、化学産業の製造プロセスにおいて$CO_2$を除外することで物質の純度をより高めるという目的で、技術研究が進んできました。この手法としては、図表2－8で示すように複数の方法があり、$CO_2$と結びつきやすい化学物質を用いて$CO_2$を分離し、温度差や圧力の差から$CO_2$を回収する方法や、イオン交換膜などを利用して空気中から直接$CO_2$を分離

### 図表 2-8　$CO_2$ 分離・回収技術の比較

| 手法 | | 原理 | 長所 | 短所 |
|---|---|---|---|---|
| 化学吸収法 | | 化学反応 | ●低分圧ガス向き<br>●炭化水素への親和力が低い<br>●大容量向き | ●吸収液が高価<br>●腐食、浸食、泡立ちがある<br>●適用範囲が限定的<br>●再生用熱源が必要 |
| 物理吸収法 | | 物理吸収 | ●高分圧ガス向き<br>●適用範囲が広い<br>●腐食、浸食、泡立ちが少ない<br>●再生熱源を必要としない | ●吸収液が高価<br>●重炭化水素への親和力が高い |
| 物理吸着法 | PSA | 吸着 | ●高純度精製が可能<br>●装置が比較的簡易<br>●適用範囲が広い | ●再生ガスが必要<br>●水分の親和性が強い |
| | TSA | 吸着 | ●高純度精製が可能<br>●適用範囲が広い | ●吸着材量が多く、装置が大型化する<br>●吸着材費用がかかる |
| 膜分離法 | | 透過 | ●簡便<br>●安価<br>●小容量向き | ●低純度<br>●運転費が高い<br>●大容量に不向き<br>●油脂分含有ガスに弱い |
| 深冷分離法 | | 液化・精留 | ●高純度精製が可能<br>●大容量向き | ●装置が複雑<br>●建設費が高価<br>●運転費が高い |
| 酸素燃焼法 | | 空気分離 | ●高純度精製が可能 | ●空気分離設備が大型<br>●空気分離装置に動力が必要 |
| 化学ループ燃焼法 | | 空気分離 | ●低消費エネルギー | ●装置の耐久性に課題 |

［出所］ 環境省「平成 25 年度シャトルシップによる CCS を活用した二国間クレジット制度実現可能性調査委託業務報告書」

する膜分離法など様々あり、これらの技術の特徴に応じて利用シーンが異なっています。大規模な商業化に向けては化学吸収法や物理吸収法の活用が期待されており、大容量化しやすい点や適用範囲が広いことから既に商用化の実績があります。例えば、物理吸収法を用いているIGCC（石炭ガス化複合発電）を例に取ると、大崎クールジェンではガス精製後の石炭ガス化ガス（主にCO、$H_2$）の一部を分岐させ、ガス中の一酸化炭素（CO）を、触媒を用いて蒸気（$H_2$）と反応させ、二酸化炭素（$CO_2$）と水素（$H_2$）に変換、$CO_2$吸収塔で$CO_2$だけを分離回収するだけでなく、分離回収後の石炭ガス化ガスは水素濃度が高いガスになることからこれを再度ガスタービンに送ることで燃焼効率をあげています。

$CO_2$の分離回収技術は、いずれもコストが高いことが大きな障壁となっていますので、コスト削減に向けて多くの研究が進められています。例えば新エネルギー・産業技術総合開発機構（NEDO）は、$CO_2$の分離回収のコストを、現状の4000円／t-$CO_2$から将来的に1000円／t-$CO_2$とすることを目指し、多くの研究開発事業を行っています。$CO_2$分離回収は2050年には世界で10兆円規模の市場になると考えられており、日本は低コスト化と用途拡大を進めることで、世界のシェアの3割を確保することを目指しています。

一方、IGCCのように$CO_2$の濃度がそもそも高いガスからであれば分離回収は比較的実現しやすく、回収できる$CO_2$の量も多いため効果も大きいですが、$CO_2$の濃度が低い大気中から$CO_2$を回収しようとする試みも存在しています。Direct Air Capture、DACと呼ばれる技術であり、現時点では要素技術の開発段階にあります。大気中から$CO_2$を回収するという試みは一見すると無謀に聞こえますが、カーボンニュートラル社会の実現に向けて期待が大きい技術です。

例えばボイラー排ガスの中から炭酸ガスを分離回収したとしても、その全てを回収することはできず、低濃度ですが$CO_2$が大気中に排出されてしまうため、排出された$CO_2$を大気中から直接回収することで排出をゼロに近づけることが目指されています。ただ、濃度の低い大気中からの$CO_2$の分離回収はコストがかかることが指摘されており、国立研究開発法人科学技術振興機構低炭素社会戦略センターの研究によればCarbon Eng'g社の技術を用いると回収コストは3540円/t-$CO_2$、さらに充填材の性能を引き上げると7800円/t-$CO_2$にまでなってしまうとされています。技術研究を通じて低コスト化を実現することで、2050年までの実用化が目指されています。

〈$CO_2$の輸送〉

回収した$CO_2$を貯蔵、あるいは活用するための場所まで輸送することもカーボンリサイクルのハードルの一つです。$CO_2$の輸送にあたっては、$CO_2$の状態（固体、液体、気体）や、目的地との距離、運搬量等を考慮して、輸送手法を検討する必要があります。輸送手法としては、トラック・鉄道、パイプライン、船舶の3つの手法が選択肢として考えられます。

国内で最も一般的な輸送方法はトラックによる輸送です。トラックでの輸送は$CO_2$を液化させることで単位体積あたりの運搬量を大きくすることが可能です。トラックによる輸送のメリットは運送場所、ルートを柔軟に選択できることですが、輸送量に限界があるため大容量の輸送には向かないことに留意しなければなりません。

海外で最も有望な輸送手段がパイプラインの敷設です。パイプラインによる輸送のメリットは、一度敷設すれば大量の$CO_2$を輸送することができることですが、パイプラインは初期投資が必要であり、敷設すると他の場所へ輸送することができないというデメリットがあります。国内では石油の製油所などで生産された$CO_2$を近隣の工場に輸送するためにパイプラインがひかれるケースがありますが、近距離輸送に特化しています。海外のパイプラインは、アメリカでは$CO_2$パイプラインが全米に敷設されており、EOR（石油増進回収）等に活用されています。

日本では、特に陸域に$CO_2$を貯留できる場所が十分に存在しておらず、海域あるいは海外に輸送することが必要になってくることから、国内では船舶を用いた輸送の実現が目指されています。また、環境省の分析においても、コストを鑑みても国内の状況を踏まえるとパイプラインよりも船舶輸送のほうがより経済性があるとされています。$CO_2$は水素や天然ガスなどよりも危険は低いですが、ドライアイス化するとタンクやパイプラインの損傷の原因となってしまうため、低温・低圧の状況で$CO_2$を液体のまま保つ技術の開発が必要です。

既に、2021年6月には伊藤忠商事や日本製鉄等が、液化させた$CO_2$を海上輸送する実証実験を行うことを発表しており、事業化の検討や輸送船の設計・建造を行い、2024年度から運搬を開始する予定です。2030年頃には実用化し、年間100万トン規模の大量輸送を目指すとされています。環境省も2021年には「液化$CO_2$輸送船（圧入船Ready）」の概念設計を実施し、一般財団法人日本海事協会から基本承認を取得するなど多くの研究が並行して進んでいます。

〈$CO_2$の貯蔵・活用〉

回収した$CO_2$を輸送した先で、どのように扱うのかが次の論点になります。前述のように$CO_2$を何らかの形で産業利用することでカーボンリサイクルの事業性が成立するようになりますが、$CO_2$は非常に安定的な化合物であるため、科学的に利用できるようにするためには大きなエネルギーが必要になります。また$CO_2$のまま利用するとその利用用途が限定されます。そのため、現時点では、$CO_2$を陸域、あるいは海域の帯水層に注入することで貯留させるということが検討されています。この手法はCarbon Capture Storage、CCSと呼ばれています。

$CO_2$を単に貯留するだけでは単なるコストとして上乗せされるだけになってしまいますので、商業的にCCSが導入される事例としては、カーボンプライシングが導入された国・地域で炭素排出自体がコストになり、排出よりもCCSを実施したほうが経済性のあるケースや$CO_2$を圧入することで何らかの経済的な価値を生み出すケースがあります。前者の事例として、1991年に他国に先駆けて炭素税が導入されたノルウェーで活動していたEquinor社が天然ガスの生産過程において発生する$CO_2$を北海にある自社のガス田に貯留する試みを開始しています。また、カナダのアルバータ州では、Shell社が石油の生産過程において発生する$CO_2$を自社の油田（オイルサンド）に圧入しています。このケースでもノルウェーと同様にアルバータ州政府が導入しているカーボンプライシング制度により、Shellは$CO_2$の回収、輸送、貯留におけるプロセスからオフセットクレジットを獲得しており、これを自社の排出削減や他社に販売することで収益をあげることができています。後者のケースでは、油田やガス田に対して$CO_2$を圧入することで資源の回収を促進するという石油増進回収（Enhanced Oil Recovery、EOR）という用途に用いられています。資源の回収という経済的メリットに直結することもあり、Global CCS Instituteのレポートによれば現在商業的に運用されているCCS28カ所のうち、22カ所がEORを行っています。

日本では苫小牧の大規模実証において、$CO_2$を年間10万～20万トン圧入し、その影響をモニタリングすることで$CO_2$を貯留することのリスクを評価しています。一方、日本では排出される$CO_2$に対して、油田・ガス田が非常に少なく、EORで$CO_2$を処理しきることは不可能です。2005年の地球環境産業技術研究機構（RITE）の調査によれば日本の$CO_2$貯留可能量は1460億トンですが、貯留を行う経済的インセンティブがなければ導入促進は困難でしょう。そのため、海外でのEORの活用が視野に入ることになり、国内で閉じずに海外で$CO_2$のサプライチェーンを築くことが求められるのではないかと考えられます。

CCSを行う適地が限定的であり、カーボンプライシングが導入されなければ日本国内で完結する経済性のあるCCSを実現することが困難であることを踏まえると、回収した$CO_2$を利用する、Carbon Capture Utilization、CCUを検討する必要があります。上述のようなEORを除けば、$CO_2$の利用手段として、ドライアイスのように$CO_2$をそのまま利用するケースと、$CO_2$に対して何らかの化学的処理を行い産業利用するケースに分かれます。特に、排出される$CO_2$が莫大な量であることを考えると、$CO_2$の直接利用の用途だけでは供給が過剰になるため、別の用途を生み出していく必要があります。これまでに多くの事業者が$CO_2$を利用した技術の開発を進めており、今後その幅が拡大していくことが期待されています。経済産業省のカーボンリサイクル技術ロードマップでは利用用途について、1．化学品への活用、2．燃料用途での活用、3．鉱物への活用、4．その他に分類しています。

化学品への活用としては、$CO_2$から合成される化学品として、含酸素化合物（ポリカーボネート、ウレタンなど）やバイオマス由来化学品、汎用物質（オレフィン、BTXなど）

が挙げられます。人工光合成やオレフィンへの活用については前節で言及した通りです。他にも、2021年6月にはNEDOの超先端材料超高速開発基盤技術プロジェクトにおいて、$CO_2$と水素から高効率に合成するギ酸を用いて化学品原料（カルボン酸）を合成する技術が開発されるなど新しい研究が進んできている領域です。

燃料用途では、微細藻類を活用したバイオ燃料やバイオディーゼル燃料の活用、また排出された$CO_2$からメタンを生産し、ガス燃料に用いるといったことが考えられます。微細藻類を活用したバイオ燃料はジェット燃料用途での活用も考えられており、排出削減が困難な航空業界における有効な削減施策の一つとして注目されています。

IHI社では、2020年までに微細藻類からジェット燃料までの生産プロセスを構築し、2027年には実用化、2030年には合理的な生産コストで普及を進めていくように計画しています。また、自動車用途についても、欧州を中心に水素と$CO_2$を反応させて得られた燃料であるe-fuelを用いることが期待されています。e-fuelはトヨタなどの自動車メーカーも注目しており、EV、FCV以外でのカーボンニュートラル達成方法として考えられています。しかし、このe-fuelの原料となる水素と$CO_2$の製造プロセスにおいて$CO_2$を排出してしまっては排出削減に寄与しないため、欧州石油環境保全連盟はe-fuelを再エネ起源のグリーン水素と、産業プロセスから回収された、あるいはDACによって回収された$CO_2$を反応させた合成燃料として定義しています。

鉱物活用としては炭酸塩やコンクリート製品・コンクリート構造物への活用が考えられています。炭酸塩、コンクリート製品・コンクリート構造物は利用される量が莫大であるため、$CO_2$利用技術としてのポテンシャルが大きいだけでなく、固定化後の生成物が安定していることや、燃料や化学品への活用と異なり製造において水素が必要ないことからコスト高になりにくいという点も評価されています。この領域は早期実用化に向け期待が集められており、2020年にはNEDOが、化石燃料排ガスの$CO_2$を微細ミスト技術により回収し、$CO_2$を原料とする炭酸塩生成技術の研究開発、海水および廃かん水を用いた有価物併産$CO_2$固定化技術の研究開発、マイクロ波による$CO_2$吸収焼結体の研究開発、廃コンクリートなど産業廃棄物中のカルシウムを用いた加速炭酸塩化プロセスの研究開発、セメント系廃材を活用した$CO_2$固定プロセス及び副産物の研究分野への利用技術の研究を行っています。

その他として、ネガティブエミッション、つまり大気中に排出された$CO_2$を減少させるための施策が検討されています。ネガティブエミッションとしては、植樹などの植物を保全・増加させることが中心でしたが、最近ではCCS付きバイオマス（BECCS）やブルーカーボンも取り上げられるようになってきています。ブルーカーボンとは、藻場・浅場等の海洋生態系に取り込まれた炭素を指し、日本では国交省を中心に検討が進んでいます。実際に日本製鉄は、製鉄プロセスの副産物である鉄鋼スラグを活用することで、浅場、干潟、藻場を造成し沿岸海域の環境改善を図ることで$CO_2$を海中に固定することを目指していきます。ブルーカーボンについてはその効果の測定など、まだ詳細な研究が進んでいるわけではありませんが、その広大な面積から吸収源としての期待は大きいです。

ただ、$CO_2$の利活用においては水素が必要になることが多いため、CCUを進めていくためには何より安価な水素を確保すること、さらにその製造プロセスにおいて$CO_2$を排出していない水素を用いなければ排出削減に寄与しないということが大きな課題です。水素の製造コストの高さは前述した通りです。つまり、今後水素のコスト削減に向けた取り組みが拡大していかなければ、CCUも普及していきません。水素の価格は再エネの拡大や需要の拡大によって低減されていくと想定されますので、その時がきたときにCCUをすぐに実践できるように要素技術の開発やコスト削減などの環境を整えておくことが必要になるでしょう。

# 4　カーボンオフセット

## カーボンオフセットの定義

カーボンオフセットとは、企業などの温室効果ガス排出量を他者の排出削減量をもって相殺するスキームです。オフセット・クレジットは、排出削減量は運営機関の認証を受けたクレジットとして発行され、取引が可能です。クレジットは排出削減に繋がるプロジェクトが対象ですが、特に経済性や技術面に課題があり、普及段階に至っていないものが対象になります。例えば、植林、再エネ、廃棄物管理、燃料転換等が対象となります。クレジットの収益が還元されることで排出削減プロジェクトへの投資のインセンティブとなり、企業はクレジットを購入することで、そうしたプロジェクトを後押ししていることのPRに繋げます。

オフセット・クレジットによる排出量の相殺の可否については、排出算定のルールや使用するクレジットによって異なります。例えば、CDPやSBTが参照する排出算定の標準ガイドラインであるGHGプロトコルでは、従来はオフセットを認めていません（ただし、現在オフセットも含めた新たなガイドラインを検討中で、2022年にリリースされる予定）。一方で、日本の「地球温暖化対策の推進に関する法律（温対法）」における調整後排出量の報告では、Ｊクレジットなどのオフセット・クレジットにより排出量をオフセットすることが可能です。

オフセット・クレジットは、環境価値を取引するスキームのひとつですが、その他に温室効果ガス排出量（$tCO_2e$）を単位として取引するスキームとしてキャップアンドトレード（排出量取引）があります。また、類似した概念として再生可能エネルギー起源のエネルギーの生成量に対する環境価値を付与するスキームとして証書のスキームがあります（図表2－9）。

キャップ・アンド・トレードは、「排出枠の取引」とも呼ばれており、規制当局により制度全体の排出上限（「Cap」）が規定され、その上限を参加主体が超えないよう相互に排出枠を取引（「Trade」）するスキームです。排出権が対象企業に割り当てられます。割り当てられた排出枠より、実際の排出量が少ない主体は、余剰の排出枠が「排出削減量」と定義されます。排出枠が不足している企業は、余剰の排出枠を保有する主体から購入することができます。

キャップ・アンド・トレードの場合は、排出権の総量を決めるために、制度設計の初期段階に政府などのルールを設定する主体の関与度合いが大きいです。本制度は参加者全体で排出量を削減する目標設定として効果的とされていますが、その全体目標に対してどの企業がどの程度の排出枠（「Allowance」とも呼ばれる）を申し受けるべきか、公正な分配のスキームを検討する必要があります。

証書も一種の環境価値の取引手段に位置づきますが、クレジットや排出量取引と異なり、再生可能エネルギーなどのグリーンまたは非化石燃料により生成されたエネルギー量において、「電力」の価値と切り離して「環境価値」を取引するための仕組みです。多くの民間企業がRE100やSBTなどの国際イニシアチブに参画しており、その一環でクリーンな電力の調達を求める傾向にありますが、その手法の一つとして証書の調達が認められているケースがあります。本来であれば、オンサイトのクリーンな電源からの電力供給を求められることが望ましいですが、経済性や立地環境の制約によりそれが不可能とされる場合、従来の電力の調達に対して、証書の非化石価値を付与することで、「グリーンエネルギー」の調達をしたとみなすことができます。

## 図表 2-9　環境価値取引の手法

| キャップ・アンド・トレード<br>（排出量取引） | 証書 |
|---|---|
| 排出量（$tCO_2e$） | エネルギー生成量<br>（kWh、MJ） |
| 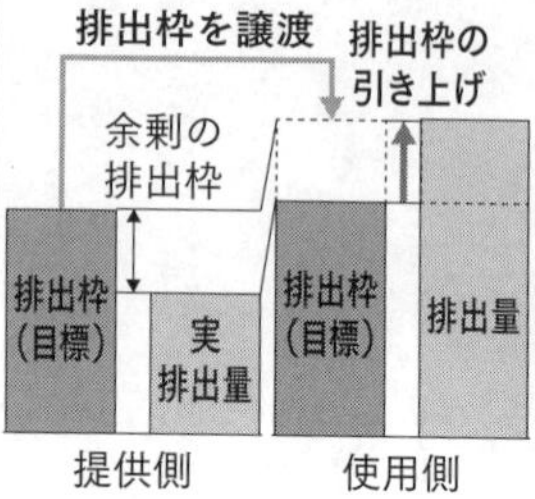 排出枠を譲渡<br>排出枠の引き上げ<br>余剰の排出枠<br>排出枠（目標）<br>実排出量<br>排出枠（目標）<br>排出量<br>提供側　使用側 | 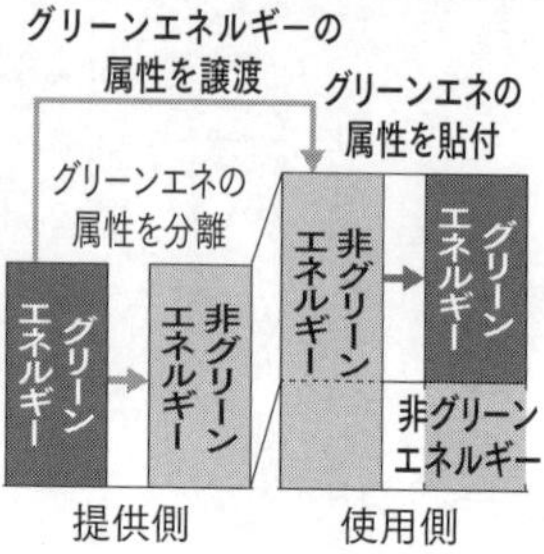 グリーンエネルギーの属性を譲渡<br>グリーンエネの属性を貼付<br>グリーンエネの属性を分離<br>グリーンエネルギー<br>非グリーンエネルギー<br>非グリーンエネルギー<br>グリーンエネルギー<br>非グリーンエネルギー<br>提供側　使用側 |
| ●排出権取引制度に対する排出量算定・報告 | ●各種規制（温対法など）に対する排出量算定・報告<br>●国際イニシアチブ等（CDP、SBT）に対するスコープ2排出量の算定・報告 |
| ●東京都排出量取引制度（超過削減量） | ●グリーン電力証書・グリーン熱証書<br>●非化石電力証書<br>●Jクレジット<br>※本来クレジットだが再エネ起源は証書として使用可 |

［出所］　野村総合研究所

| | オフセット・クレジット |
|---|---|
| 環境価値 | 排出量（$tCO_2e$） |
| 概念図 | 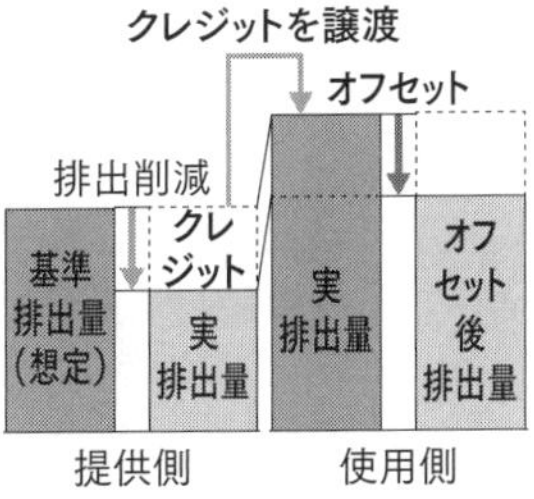 クレジットを譲渡<br>オフセット<br>排出削減<br>基準排出量（想定）<br>クレジット<br>実排出量<br>実排出量<br>オフセット後排出量<br>提供側　使用側 |
| 用途 | ●国家間の約束排出量（京都議定書）に対する排出量算定・報告<br>●各種規制（温対法など）、排出権取引制度に対する排出量算定・報告<br>●企業等の自主的な気候変動対策への貢献 |
| 事例 | ●JCM（二国間クレジット）<br>●Jクレジット<br>●各種ボランタリークレジット |

## オフセット・クレジット市場の種類

オフセット・クレジットの種類には、コンプライアンス市場と呼ばれる公的に主導されているクレジットである認証排出削減（Certified Emission Reduction（CER））と、民間主導であるボランタリー市場の2種に分けられます（図表2－10）。クレジットの種類の命名通り、コンプライアンス市場では主に政府など主導で、排出量の削減量を排出主体に義務化し、その義務を果たしている企業に対する「認証」として、CERのクレジットが付与され

**図表 2-10　クレジットの分類**

クレジット
- 公的クレジット
  - 国際的クレジットメカニズム
  - 地域・国家・地方のクレジットメカニズム
- ボランタリークレジット
  - 独立的クレジットメカニズム

| クレジットの分類 | 国際的クレジットメカニズム | 地域・国家・地方のクレジットメカニズム | 独立的クレジットメカニズム |
|---|---|---|---|
| 運営主体 | 国際機関 | 各国政府、地方政府・公共団体 | NGO等の民間組織 |
| 概要 | ●国際的な気候条約によって管理されている仕組み<br>●京都議定書において国家間で約束した排出国の削減目標を達成する手段として位置づけられている<br>●パリ協定下での扱いは今後議論が進められる予定 | ●特定の地域や国家間、または各国、地方政府・公共団体によって、独自に管理されている仕組み<br>●主に、企業等による各国規制への対応や自主的な削減活動、排出国の削減目標達成に活用される | ●国内規制や国際条約によって管理されておらず、主に独立した民間の第三者組織によって管理される仕組み<br>●企業の自主的な削減活動に活用され、一部各国規制への対応で活用されるケースもある |
| 事例 | ●JI：Joint Implementation Mechanism<br>●CDM：Clean Development Mechanism | ●JCM：Joint Crediting Mechanism（日＋他国）<br>●J-クレジットスキーム（日）<br>●China GHG Voluntary Emission Reduction Program（中）<br>●Australia ERF（豪） | ●VCS：Verified Carbon Standard<br>●GS：Gold Standard<br>●ACR：American Carbon Registry |

［出所］野村総合研究所

ます。一方、CER対象以外の排出量については第三者認証排出削減量（Verified Emission Reduction（VER））と呼ばれ、排出主体は自主的に排出量のオフセットの調達や売買を行っています。VERは各種運営機関が第三者的に市場参加者が排出量削減に貢献していることを認証し、VERのクレジットを付与しています。

一部の政府では特定のボランタリー市場にて認証を受けた排出量をコンプライアンス市場にて運用可能としているケースも存在します。例えば、米国のカリフォルニア州では、Climate Action Reserve とVerified Carbon Standardにて第三者認証を受けたプロジェクトは、同州のキャップ・アンド・トレードメカニズムであるCA-ETSでの取引が可能とされています。

ボランタリークレジットは、NGOなどの機関や一部の地域自治体などで運営されており、各機関や自治体ごとに実現したい「カーボンゼロ」の世界観を意識して制度が設計されています。世界における主要な認証機関によるグローバルで最も活用されているスキームはVerified Carbon Standard（VCS）、Gold Standard（GS）、Climate, Community and Biodiversity Project Design Standard（CCB）です。

VCSは、グローバルにおいて最も認証されている温室効果ガス排出量が多い取り組みです。設立の主目的は、排出主体が自主的に温室効果ガスの排出量を削減する際の「削減量」に信頼感を持たせることで、International Emission Trading Association（IETA）、The Climate Group（TCG）、World Business Council for Sustainable Development（WBCSD）とWorld Economic Forum（WEF）が共同で設立した認証基準となっています。VCSはプロジェクト主のスコープを限定していないうえ、プロジェクトのホスト国も限定がされていないことから、広い地域で活用可能な基準となっています。

GSは、VCSと同様に、プロジェクトベースで認証を受けるスキームとなっています。VCSに比べて、プロジェクトのスコープが狭く、現時点では再生可能エネルギー、排出量、農業廃棄物、森林の4領域のみが対象となっています。設立当初はWorld Wide Fund for Nature（WWF）やSouth South North（SSN）などの組織により開発された認証機関ですが、現時点では独立したGS事務局が本取り組みを監督しています。

CCBは、気候変動対策として適切な土地利用を行っているプロジェクトに対して認証をする基準となっています。CCBの基準には必須項目の17個を全て満たしている「Approved」と必須項目に加えて任意の項目3つのうち少なくとも一つ満たしている「Gold」の2段階があります。

## クレジット市場の動向

クレジットの発行量の推移をみると、2012年が発行量のピークとなっています。これは京都議定書にて創設されたクレジットであるCDMに対して、その目標年である2012年に、期間終了前の駆け込みのプロジェクト申請が増えたことに起因するものとされています。2013年以降は、発行量は低迷してきましたが、近年は拡大の兆しが出てきました。これは、カーボンニュートラルを宣言する企業が増えていること、GHGプロトコル等の見直しによりオフセット・クレジットの用途が今後広がることが期待されることが起因していると考えられます。

プロジェクト種でクレジット市場を集計すると、案件の大部分は森林関連と再生可能エネルギー関連に集約されます。特には「REDD」と呼ばれる、新興国を中心とした植林が着目されており、多くの企業がこのようなプロジェクトに参画しています。植林は他の仕組みに比べて、プロジェクトの投資コストが低いとされており、いわば「低コストで取得できるクレジット」とも位置づけられています。一方で、直近では植林によるオフセットや電力システムを中心とした再生可能エネルギーの拡大のみならず、各企業が自社の活動に直接関連する廃棄物や燃料転換など、直接的に自社の排出量を削減するような取り組みも拡大し始めています。

２０２1年のＣＯＰ26では、パリ協定における市場メカニズムを通じた排出削減の扱いに関するルールについて議論がされ、大枠が合意されました。それまでは、二国間クレジットなど複数の国が協力して排出削減する制度について、排出削減分の配分においてダブルカウントが生じる懸念などから合意に至っていませんでしたが、日本政府による二重計上防止の承認案の提案もあり、交渉の妥結に至っています。日本では、２０１３年以降、ＪＣＭとして二国間クレジット制度を展開しており、２０２1年末までに17ヵ国、２００件以上のプロジェクトを採択しています。ＣＯＰ26の合意により、今後二国間クレジットなどの市場メカニズムを活用した排出削減の拡大が期待されています。

# 第3章

# カーボンニュートラルによる各業界への影響と機会

## 1 自動車

### 自動車業界に対するカーボンニュートラルの影響

自動車業界はCASE革命と称される100年に一度の変革期を迎えています。その中でも「E」の電動化領域は自動車メーカーが最も注力する領域であり、これまで自動車メーカーは各国・各地域の環境規制を背景に、車両の燃費改善や排ガス削減等を通じて、地球温暖化対策や大気汚染問題に真正面から向き合ってきました。実際に欧州が2020年に導入した新$CO_2$規制では、罰金を払わざるを得ない自動車メーカーも出てきているほど規制は厳格化されてきており、自動車メーカー各社はこれまで積み上げてきたブランドロイヤルティの維持や企業としてのレピテーションを下げないためにも必死に対応しています。

この電動化の進展がもたらす業界へのインパクトは大きく、特に乗用車を中心とするEVシフトは、バッテリーのコストが依然として高いがゆえに、自動車メーカーの収益を圧迫し体力を奪いかねません。それだけでなく、エンジンやトランスミッション等の内燃系や駆動系、及び排気系の部品が将来は使われなくなることから、自動車の部品点数を激減させ、産業構造をも大きく変えてしまうのです。またガソリンの使用量が激減することで、政府の税収も大きく減らしてしまいます。そのため、自動車メーカーをはじめ自動車のサプライチェーンを支えてきた自動車部品、素材・設備等のサプライヤーは、今まさに事業構造の転換を迫られているところであり、また政府も早急に税体系等の見直しを進めなければならないところに差し掛かっているのです。

今回、掲げられた2050年のカーボンニュートラルの達成に向けた重点政策は、このEVシフトをさらに加速させることになります。なぜなら2050年のカーボンニュートラルを達成するには、2050年時点で保有される自動車から出る走行時の$CO_2$排出を少なくとも実質ゼロにする必要があるからです。自動車の平均寿命が10年を超えていることを踏まえると、2035年～2040年頃までにカーボンニュートラルに対応するEVをはじめとするゼロエミッション車（ZEV）を準備しておかなければなりません。この流れを受けて、各国・各地域の自動車の販売規制も一段と厳格化されつつあり（図表3－1）、また各都市でも内燃機関を搭載した車両での都市への乗り入れを規制するなど、自動車メーカーの電動化に拍車をかけています。

自動車メーカー各社の電動化戦略・方針（図表3－2）をみると、全方位戦略をとるメー

**図表3-1　各国における自動車の販売政策・規制**

| 地域 | 国 | 内容 |
|---|---|---|
| 欧州 | ノルウェー | 2025年までにガソリン車、ディーゼル車の販売禁止 |
| | 英国 | 30年までにガソリン車、ディーゼル車の販売禁止<br>35年までにPHV・HV車の販売禁止 |
| | ドイツ・オランダ・スウェーデン・アイルランド・アイスランド | 30年までにガソリン車、ディーゼル車の販売禁止 |
| | フランス | 40年までにガソリン車、ディーゼル車の販売禁止 |
| 北米 | 米国 | 30年までに乗用車と小型トラックの新車販売の50％以上をZEV（EV、FCV）にする |
| | 米国（カリフォルニア州） | 「乗用車」<br>25年までにZEV販売による販売台数の22％のクレジット（排出枠）の獲得を義務付け<br>35年までにガソリン車、ディーゼル車の販売禁止（HVは認めない）<br>「商用車」<br>24年に州内で販売される商用車にも一定割合をZEVとする独自規制を適用<br>45年までに商用車のガソリン車、ディーゼル車の販売禁止 |
| | カナダ | 35年までに内燃機関を搭載する車（ガソリン、ディーゼル、プラグインハイブリッド、ハイブリッド）の販売禁止 |
| 中国 | | 35年までにガソリン車の販売を禁止<br>35年までにHV車は50％、新エネルギー車（EV、PHV、FCV）を50％とする目標 |
| 日本 | | 35年までに新車販売を電動車に限る（HVを含む） |

［出所］　各国政府の公表資料より野村総合研究所作成

カーからＥＶ専業となるメーカーまで各社によってパワトレミックス（エンジン車やＥＶ車等のラインナップ）、モデルミックス（車種のラインナップ）の考え方は異なりますが、いずれにしても乗用車を中心にさらなるＥＶシフト、大型の商用車を中心にＦＣ化の準備が今後、急ピッチで進んでいくものと思われます。早くからＥＶシフトに対応してきたVolvoでは２０３０年までにコンベ車（従来のガソリンディーゼル車）から完全に撤退し、全量ＥＶに切り替える自動車メーカーも出てきています。それもそのはず、母国のスウェーデンが２０３０年までにガソリン車、ディーゼル車の販売を禁止する規制を敷くことも大きく影響しているからで、同社には経営資源をＥＶに集中して熾烈なグローバル競争を勝ち抜いていくスタンスが窺えます。

ところで、ここまでは走行時における$CO_2$排出を実質ゼロにしていくことを中心に説明しました。カーボンニュートラルの意味するところは前章でも述べましたように、自動車のライフサイクル全体で実質ゼロにしなければならないということです。そのため、ＥＶ走行において$CO_2$を排出しなかったとしても、ＥＶをつくる過程やＥＶに使うための電気をつくる過程等で$CO_2$を排出しているとカーボンニュートラルではなくなってしまうのです。つまり自動車メーカーはＺＥＶを投入するだけでは不十分であり、自動車の素材・部品の製

| 自動車メーカー | | 電動化戦略・方針 |
|---|---|---|
| 米系 | フォード | 30年までに欧州向けの乗用車新車販売を全てEVに<br>30年までに米国の新車販売の40%～50%をEVに |
| 日系 | トヨタ | 35年までに中国の新車販売の全てをHV含む電動車に（うちNEV割合50%）<br>35年までに「レクサス」の全世界の新車販売の全てをEVに<br>30年のEV世界販売台数350万台<br>30年までに「レクサス」の欧州・北米・中国の新車販売の全てをEVに<br>25年までに米国向けの新車販売の4割を電動車に<br>25年までに「レクサス」の新車販売の5割を電動車に |
| | ホンダ | 40年までに新車販売の全てをZEV（EVとFCVのみ）に<br>35年までに先進国全体の新車販売の80%をZEV（EVとFCVのみ）に<br>30年までに先進国全体の新車販売の40%をZEV（EVとFCVのみ）に<br>30年までに米国の新車販売の40%～50%をEVに<br>30年までに国内向けの新車販売の20%をZEV（EVとFCV）、80%をHVに<br>24年に軽のEV投入 |
| | 日産 | 40年までに世界の新車販売のほぼ100%をZEVに<br>30年までに世界の新車販売の50%をEVに、欧州の60%をEVに<br>30年までに約70モデルのEVを投入<br>20年代末までに約60モデルのHVを投入 |

［出所］ 各社の公表資料より野村総合研究所作成

## 図表 3-2　自動車メーカー各社の電動化戦略・方針

<table>
<tr><th colspan="3">自動車メーカー</th><th>電動化戦略・方針</th></tr>
<tr><td rowspan="6">欧州系</td><td colspan="2">VWグループ</td><td>2040年までに世界の新車販売のほぼ100%をZEVに<br>30年までに世界の新車販売の50%をEVに、欧州の60%をEVに<br>30年までに約70モデルのEVを投入<br>20年代末までに約60モデルのHVを投入</td></tr>
<tr><td></td><td>VW</td><td>30年までに欧州の新車販売の70%、米国、中国の50%をEVに</td></tr>
<tr><td></td><td>Audi</td><td>33年までに内燃エンジンの生産を段階的に終了予定<br>26年以降の新型モデルは全てEVに<br>25年までに電動車を約30車種に拡大（うちEVは20以上）</td></tr>
<tr><td colspan="2">メルセデス・ベンツ</td><td>30年までに条件が整った地域における全ての商品ラインナップをEVに<br>25年以降の新型アーキテクチャーは全てEVに、3種類のEV専用アーキテクチャーを開発</td></tr>
<tr><td colspan="2">BMWグループ</td><td>30年までに新車販売の半分以上をEVに<br>30年までに米国の新車販売の40%～50%をEVに</td></tr>
<tr><td colspan="2">Volvo Cars</td><td>30年までに新車販売を全てEVに<br>25年までに新車販売の50%をEVに、50%をPHVに</td></tr>
<tr><td>欧米系</td><td colspan="2">ステランティス（PSA+FCA）</td><td>30年までに欧州の新車販売の70%を、米国の40%を低排ガス車LEV（EVとPHV）に<br>25年には商用車を含む全14ブランドでEVやPHVをラインナップ</td></tr>
<tr><td>米系</td><td colspan="2">GM</td><td>35年までに新車販売の全てをZEV（EV、FCVなど）に<br>30年までに米国の新車販売の40%～50%をEVに<br>25年までにEV30モデルを投入、米国の新車販売の40%をEVに</td></tr>
</table>

造、車両製造、燃料・エネルギー製造、利用・廃棄・リサイクルなどライフサイクル全体で$CO_2$排出をなくしていかなければなりません。それがこれまでの環境規制対応と大きく異なる点で、一段とハードルが高い点でもあります。第1章でも言及しましたが、既に欧州では先行してLCA規制や温暖化対策が不十分な国からの輸入に対して、実質的に関税をかける国境炭素税などの導入が検討されており、2024年7月からEV用バッテリーや産業用蓄電池の全過程で出る$CO_2$排出量申告の義務付けが既に決定しています。今後、自動車メーカーはグローバルで自社製品の設計段階での排出量の管理に加えて、上流のサプライヤーや下流の利用、廃棄・リサイクルに至る全てのリサイクルにおいて$CO_2$排出を厳格に管理していくことが求められています。

では実際に、自動車メーカーにおける$CO_2$排出の全体像をフォルクスワーゲングループの事例をもとにみてみましょう。同社によると、現在、グループ全体で4億5518万トンの$CO_2$を排出していますが、そのうち最も多いのが走行時の3億4447万トン、次いで多いのが素材・部品製造の7156万トンとなっています。そのため、EVシフトを進め走行時の排出量を減らしていくことがいかに合理的なことであるかが分かるでしょう。しかしながら、何も対策を施さないと、EV製造には多くの$CO_2$排出が伴い、LCAの観点からみるとEVを走らせる地域によっては必ずしも$CO_2$排出を削減できなくなるのです。この点には十分に留意する必要があります。

実際にフォルクスワーゲンの第7世代ディーゼル車ゴルフとe－ゴルフ（第7世代ゴルフのEV仕様）の製造段階の$CO_2$排出量を比較してみると、第7世代ディーゼル車ゴルフが29g／kmに対してe－ゴルフは57g／kmであり、EVは約2倍の$CO_2$を排出しています。

さらにEVの素材・部品を製造するときのサプライヤーの$CO_2$排出量の内訳をみると、車載電池の製造による$CO_2$排出が56％を占め、次いで鉄鋼が12％となっています。車載電池を構成するセルや電極の製造には多くの電力を使うことが、その要因となっています（図表3－3）。

同様に、第7世代ディーゼル車ゴルフとe－ゴルフの燃料・エネルギー製造段階での$CO_2$排出量を比較すると、第7世代ディーゼル車ゴルフが11g／kmに対して、e－ゴルフは2g／km～126g／kmと、走行する地域の電源構成によって異なります。具体的には風力発電による電気で走る場合は2g／km、ドイツ平均の電力ミックスでは85g／km、同様にEU平均では62g／km、米国平均では85g／km、中国平均では126g／kmとなります。ト

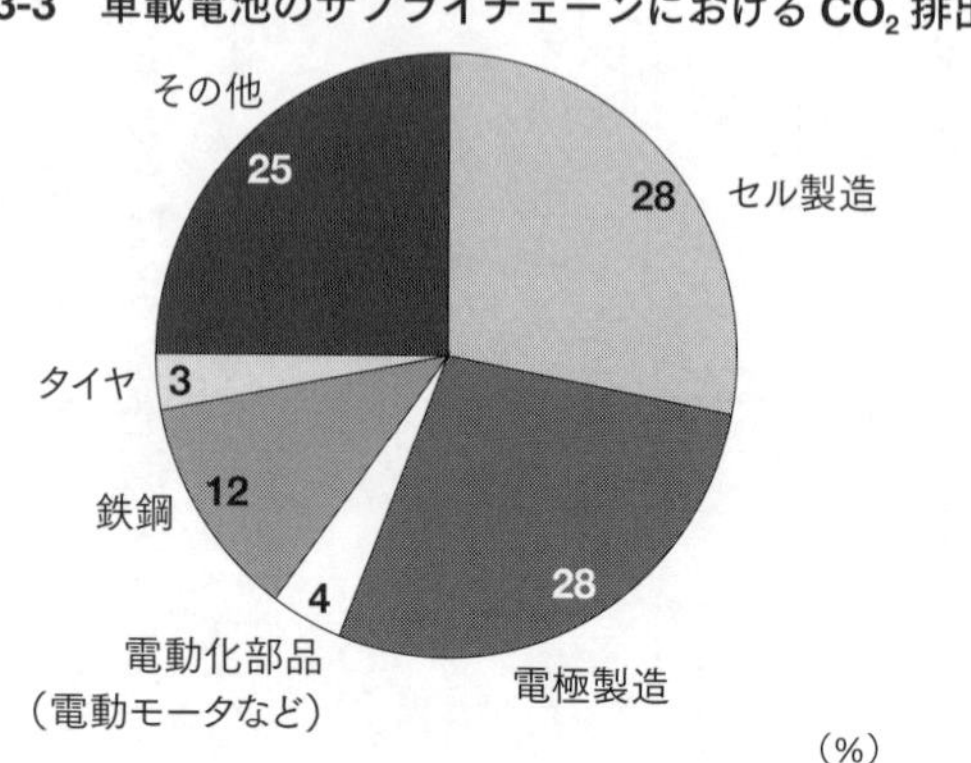


**図表 3-3　車載電池のサプライチェーンにおける $CO_2$ 排出量**

［出所］ Volkswagen 公開資料より野村総合研究所作成

ータルの$CO_2$排出量を比べてみると、第7世代ディーゼル車ゴルフの走行時の$CO_2$排出が100g/kmであることを踏まえると全体で140g/kmとなります。一方e－ゴルフの場合、風力発電だけ利用すればEV製造段階と燃料製造段階の合計である59g/kmで済みますが、ドイツ国内の電力を使うと142g/kmになります。同様にEU平均の電力ミックスでは119g/km、米国平均では142g/km、中国平均では183g/kmとなってしまいます(図表3－4)。EU平均での$CO_2$排出量が下がる理由は、各国の太陽光や風力、北欧の豊富な水力、フランスの原子力発電の比率が増え、かつ、いまだ褐炭・泥炭・CNGによる火力発電が30%ほどを占めるドイツの化石起源の発電

**図表3-4　ディーゼル車とEV（電力ミックス別）の$CO_2$排出量の比較**

（単位：g/km）

| | ディーゼル | e-Golf | | | | |
|---|---|---|---|---|---|---|
| 車両製造 | 29 | 57 | | | | |
| 燃料・エネルギー製造 | 11 | 風力 2 | ドイツ 85 | EU 62 | 米国 85 | 中国 126 |
| 走行 | 100 | 0 | 0 | 0 | 0 | 0 |
| 合計 | 140 | 59 | 142 | 119 | 142 | 183 |

［出所］ Volkswagen公開資料より野村総合研究所作成

比率が減るためです。一方、石炭火力が大半を占める中国での電力を使うと183g／㎞まで跳ね上がり、ディーゼル車を上回ってしまいます。またドイツ、米国の現在の発電インフラを使うと、第7世代ディーゼル車ゴルフとe－ゴルフの$CO_2$排出量はトータルでほとんど変わらない結果となります。

これらのフォルクスワーゲングループの事例を踏まえると、EVの投入により走行時（Tank to Wheel）の$CO_2$排出量はゼロにできますが、一方でバッテリーを多く搭載するEVの製造段階（Production）では、排出量は相対的に高まり、また燃料・エネルギー製造段階（Well to Tank）では各国の電力ミックスに応じて高くも低くもなります。つまり素材・部品、車両の製造段階や発電所起源の$CO_2$排出量を減らすことができなければ、EVの普及も脱炭素化への効果を発揮しないということになるのです。

ここであらためて日本の状況を踏まえると、現在の日本の電源構成は、2011年の福島第一原子力発電所事故以降、火力発電の割合が増加し、化石燃料の依存度が高くなっています。その中で日系自動車メーカーはグローバル生産に占める約3分の1の1000万台弱を国内で生産し、その約半数を海外に輸出しています。このまま日本の化石燃料依存が高いまま進むと、最悪のケース、海外輸出分の国内生産を続けられなくなるリスクがあるのです。なぜなら前述の通り、今後、国境炭素税等の措置がとられると、温暖化対策が不十分な国からの輸入に実質的に関税が掛けられることになるからです。実際に日本自動車工業会は、そのことによって、482万台の海外輸出がなくなり、70万~100万人が雇用を失う可能性を指摘し、警笛を鳴らしています。日本の自動車産業を維持する上でも、日系自動車メーカーは素材・部品業界や電力・ガスなどエネルギー業界等からの協力を得ながらカーボンニュートラルを達成していかなければならないのです。

## 自動車業界における事業機会

それでは自動車業界としてカーボンニュートラルをいかに達成していくのか、その先にどんなビジネスチャンスがありそうかについて触れていきます。自動車メーカーは今後、自社のエンジニアリングチェーンにおける企業活動に加えて、上流のサプライヤーや下流の利用、廃棄・リサイクルに至るライフサイクル全体で$CO_2$排出を実質ゼロにしていかなければなりません。自動車メーカー単独の取り組みとしては限界があるため、今後、素材・部品のサプライヤ及びエネルギー業界との連携を図りながら以下7つの取り組みを重点的に実施していく必要があると考えられます。

■重点施策①：製品設計におけるエコデザイン化

- $CO_2$排出ゼロ、または低排出の部材へのリプレイス
- 部材の消費量削減、資源循環しやすい部材の採用・規格化（③とも連携）
- 全固体電池EV、非接触給電など次世代技術の実用化

■重点施策②：生産工程の刷新（例：$CO_2$排出の多いバッテリー・鉄などの部材、塗装工程など）

- 省エネ化、エネルギー利用の高効率化
- 工程の電化＋グリーン電源（再エネ）化
- 工程革新による生産プロセスの脱炭素化　など

（水素、アンモニア、CNメタン等の利活用を含む、サプライヤ・エネルギー業界と

の共同開発も視野）

■重点施策③：資源循環の推進＋脱炭素化

●リサイクル材の活用による$CO_2$削減（例：鉄、アルミ、樹脂、生産材など）

●廃棄・リサイクル工程の脱炭素化　など

■重点施策④：カーボンニュートラル燃料の採用

●$CO_2$を原料にする合成燃料（e-fuel）や水素を活用した内燃機関の使い切り（HVの延命、日本の産業競争力の維持、エネルギー業界との共同開発も視野）

■重点施策⑤：$CO_2$ネガティブエミッション技術の取り込み

●$CO_2$削減に寄与する各種プロジェクト・事業への参加を通じたクレジット調達（植林・森林保護、$CO_2$地下貯留など）

■重点施策⑥：脱炭素まちづくり関連ビジネスへの展開

●エネルギー製造・供給に関わるビジネス（例：再エネ、充電インフラ、水素製造・貯蔵・輸送・水素STなど）

●発電・蓄電システムの多用途展開・リユース外販（例：産業、業務、家庭、他モビリティーなど）

●電力・エネルギーの需給構造変化に応じたエネマネビジネス
●$CO_2$レスのルーティングを絡めたシティ・サービス　など

■重点施策⑦：上記の取り組みに関する国際的なルールメイキング

ここで再び、先行するフォルクスワーゲングループの取り組みを事例としてみてみます。同社は2019年7月、2050年に向けた新たな環境ビジョン「goTOzero」を策定し、2050年のカーボンニュートラル達成を宣言しています。そして翌年の2020年9月にフォルクスワーゲンブランドを代表する「ビートル」、「ゴルフ」に続くグローバル戦略車「ID・3」の新世代EVをカーボンニュートラルで生産される最初のフォルクスワーゲン車としてラインオフさせました。同社のカーボンニュートラル生産の実現においては、電化・再エネ化の徹底、省エネの徹底、$CO_2$排出ゼロの部材の調達、クレジットの調達などの先進的な取り組みが見受けられます。

「ID・3」を生産する独ツヴィカウ工場では、生産に利用するエネルギーをコージェネレーション（発電と排熱利用による熱電併給）で賄うほか、部品製造及び車両製造のプレス、溶接、塗装、組立の全工程において電化を推進し、電気は再エネのみを使用しています。そして建屋のエネルギー効率を高め、自動車生産で最もエネルギー消費の多い塗装工程においては、使用されるポンプやファン、圧縮空気システムといった設備の効率化などを進め、約20％のエネルギー消費の削減を図るなど、省エネの取り組みも徹底しています。一方でサプライチェーンにおけるカーボンニュートラルに向けては、「ＩＤ・３」に部品供給するサプライヤとの間でカーボンニュートラルを義務付ける契約を締結し、これにより、最も$CO_2$排出の多いバッテリーに関しては、仕入先のＬＧＣのポーランドの工場を１００％再エネに切り替えているのです。そして最後にどうしても減らせない物流などから生じる$CO_2$排出に関しては、インドネシアのボルネオ島での「カティンガンマタヤ森林保護プロジェクト」の熱帯雨林保存プロジェクトに投じてクレジットを調達することで相殺し、全体でカーボンニュートラルを実現しています。同社ではこれらの取り組みを皮切りに２０３０年までにグループ全体の$CO_2$排出量を２０１８年実績比30％減にすることを目標にしています。

さらに同社は今後、外部依存するバッテリーのカーボンニュートラルでの内製化、全固体電池ＥＶの市場投入、再エネ発電への参画や、再エネ電力を使った家庭向けの充電サービスに加えて、フォルクスワーゲンのＥＶ販売が多い地域における公共用充電サービスの展開、発売後のEVを蓄電池に見立てたエネマネエコシステムの提案など、ユーザーの手に届くEVを脱炭素・再エネ社会との調和を図りながら社会実装していくための取り組みを積極化していく方針を打ち出しています。エネマネエコシステムでは稼働する複数のEVを家のみならずグリッドまで接続し、それらのEVを動く「蓄電池群」として捉えることにより、地域においてエネルギーを無駄なく利用する「地域エネルギーマネジメント」に貢献しようとしています。その一例として再エネの余剰発電により電気が余る時間帯にEVに充電し、一方で再エネの電気が足りない夜間の時間帯にEVから電気を供給するなどして、EVを再エネの調整弁として使う仕組みづくりを進めており、再エネで発電された6500GWhの年間電力量が使われずに捨てられてしまう問題への解決策として期待されています（図表3－5）。

現在、EVをはじめZEVはいまだ新しいもの好きの一部に受け入れられているに過ぎず、社会から広く支持されているとは言い難い状況にあります。そのため今後、ZEVを基軸にカーボンニュートラルの実現と同時にカーボンニュートラルによるコストアップを吸収するビジネスモデルの構築、ならびに脱炭素・再エネ社会を支えるZEVの役割について、社会の認知度、受容性をより一層高めていくことが大きな課題となります。その課題を乗り

図表 3-5　Volkswagen が提案するエネマネエコシステム

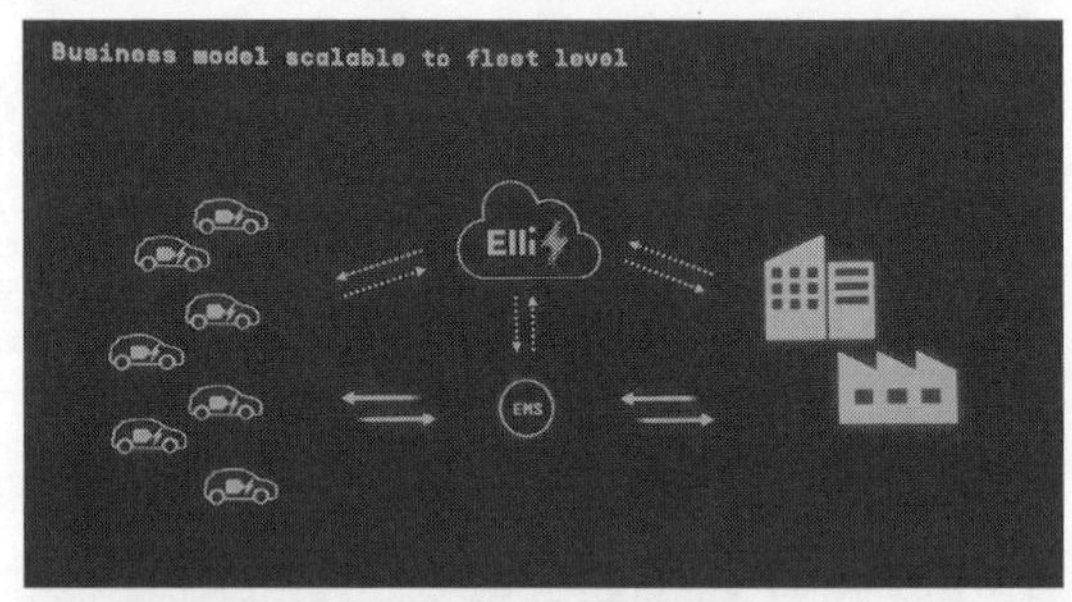


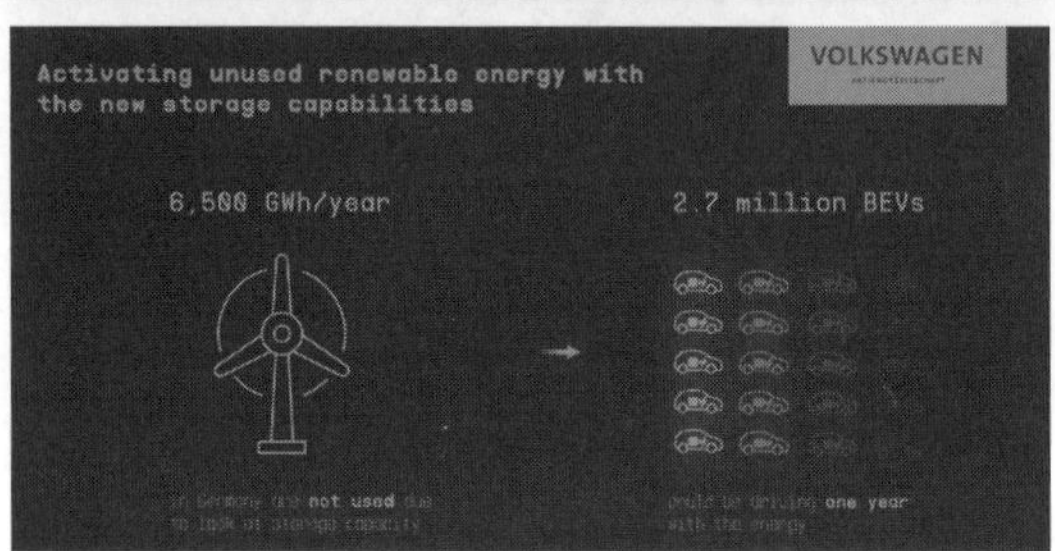


［出所］ Volkswagen Power Day 2021

越えるには、素材・部品のサプライヤ及びエネルギー業界との連携を図りながらLCA全体で$CO_2$排出を実質ゼロにしていく「守り」の取り組みに加え、ZEVと脱炭素・再エネ社会との調和を図り、より一層の社会実装を推進する「攻め」の取り組みの両輪を回していく必要があります。

フォルクスワーゲングループの試算によると、世界全体の$CO_2$排出量の約1％相当を自動車メーカー1社で排出していることになりますので、自動車メーカーが地球温暖化防止に果たす役割は大きいと言えます。それだけに今後、自動車メーカーは自動車の開発・製造・販売の域を越えて、また業界の垣根を越えて持続可能な脱炭素まちづくり・未来社会を創り上げていく存在へと大きく飛躍しなければなりません。今後、日系自動車メーカーが国際社会の中でそれらの議論をリードし、国際的なルールづくりにも積極的に関与していくことを期待します。

## 2　鉄鋼

### 鉄鋼業界に対するカーボンニュートラルの影響

鉄は資源が豊富で安く加工性も良いことから、用途が広く生活に欠かせない金属です。地球資源の約3分の1を占め、ペットボトルの水よりも安い素材でもあります。また、少量の元素調整や圧延、冷却制御等により、強度や粘り強さなどを様々な利用目的に応じて変えることができるため、加工された各種鋼材は、建材や船舶、自動車などのモビリティー、電気機械、二次製品、容器など多くのアプリケーションに使われています（図表3－6）。その意味で鉄鋼業は建設業や製造業など、多くの産業の上流工程にあたる基幹産業となります。

## 図表 3-6　国内における普通鋼鋼材のアプリケーション別消費量（2019 年）

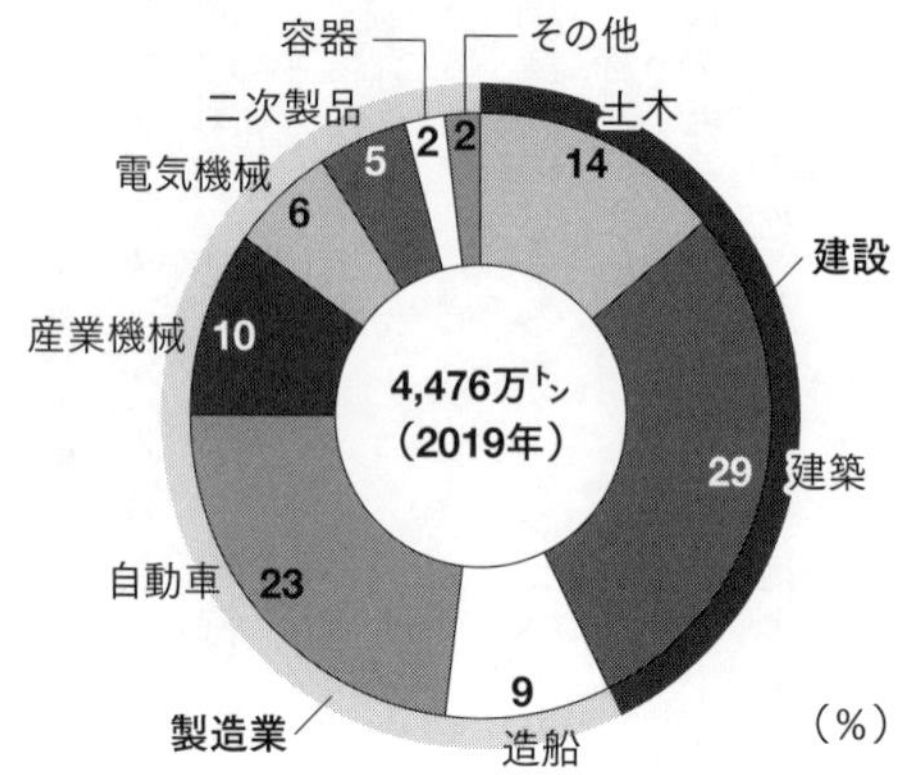


［出所］ 経済産業省のデータより野村総合研究所作成

## 図表 3-7　鉄鋼のグローバル需要予測

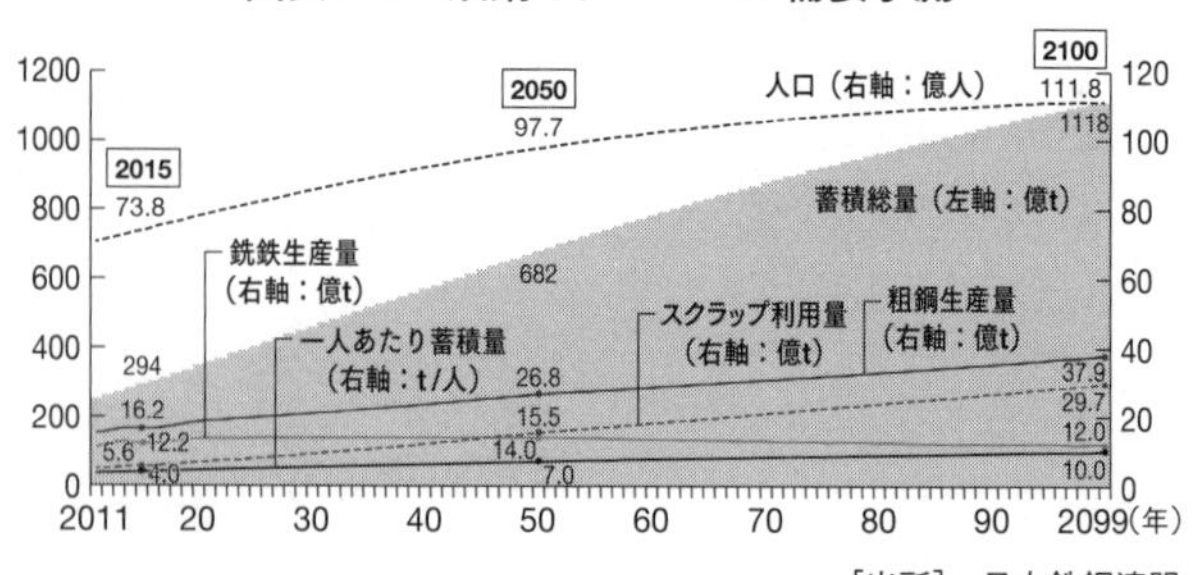


［出所］ 日本鉄鋼連盟

この基幹産業である鉄鋼市場は、今後も世界人口の増加や新興国の経済成長などを背景に成長する見通しです。日本鉄鋼連盟の予測によれば、世界の粗鋼生産量は足元の20億万トン弱から、2050年には26億8000万トンにまで増大すると予想されています（図表3－7）。

このように鉄鋼業は、今後も市場成長が期待される重要な産業ですが、現在、鉄鋼業の$CO_2$排出量は第1章で示した通り、日本全体の14％を占め、また産業分野では約4割を占め、電力部門に次いで多くなっています。製鉄プロセスにおいて、多くの$CO_2$を排出していることがその要因となっています。

鉄は自然界において酸化された鉄鉱石（酸化鉄、$Fe_2O_3$）として存在します。そのため、鉄鋼製品をつくるためには、鉄鉱石から酸素を除去（還元）することが必要になります。現在、安定的に大量の鉄鉱石を還元するには、石油起源のコークス（原料炭）を用いることが一般的であり、2000℃以上の高温の高炉内で鉄鉱石をコークスとともに溶かし、原料炭の炭素が鉄鉱石に含まれる酸素と結びつくことで酸化鉄を還元して銑鉄を得ているのですが、それと同時に大量の$CO_2$が発生しているのです。現状、この高炉法で国産鉄の75％を製造しており、鉄製造1トンに対して約2トンの$CO_2$を排出しています（図表3－8）。

図表 3-8　鉄鋼製造プロセスにおける $CO_2$ 排出量

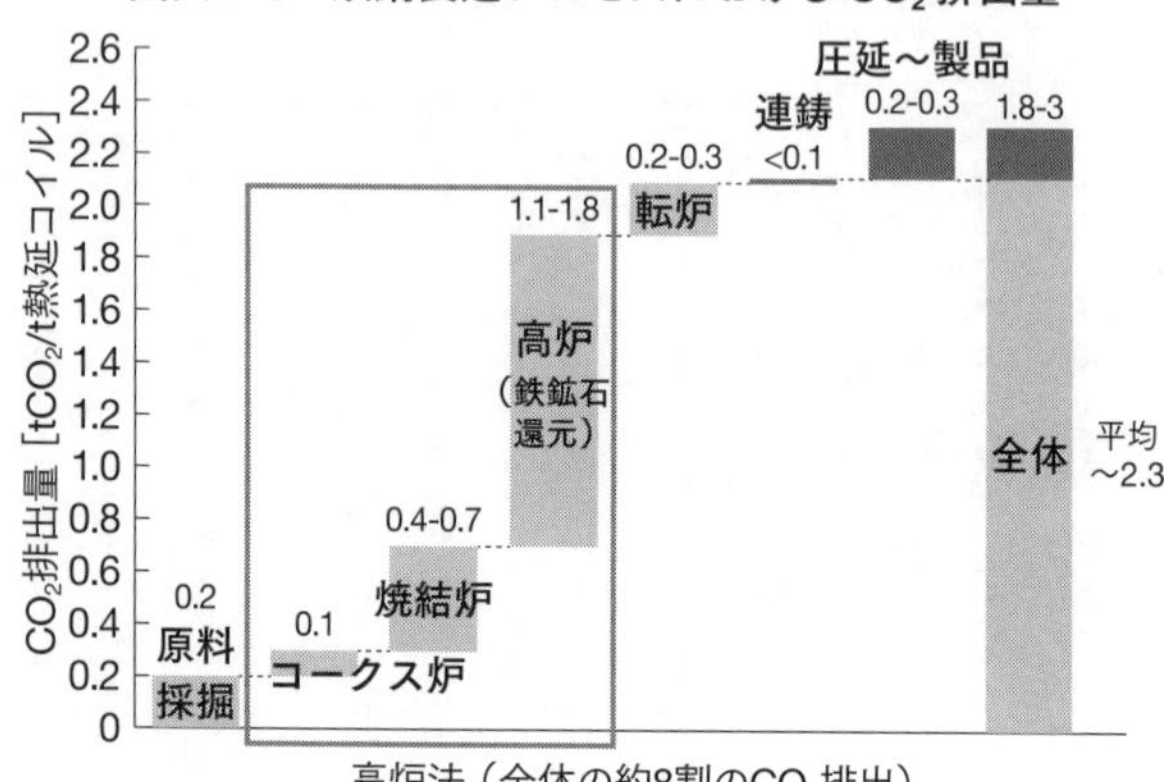


［出所］　経済産業省「トランジションファイナンス」に関する鉄鋼分野における技術ロードマップ

図表 3-9　鉄鋼業のエネルギー効率の国際比較
〈転炉鋼のエネルギー原単位推定結果（2015、日本＝100）〉

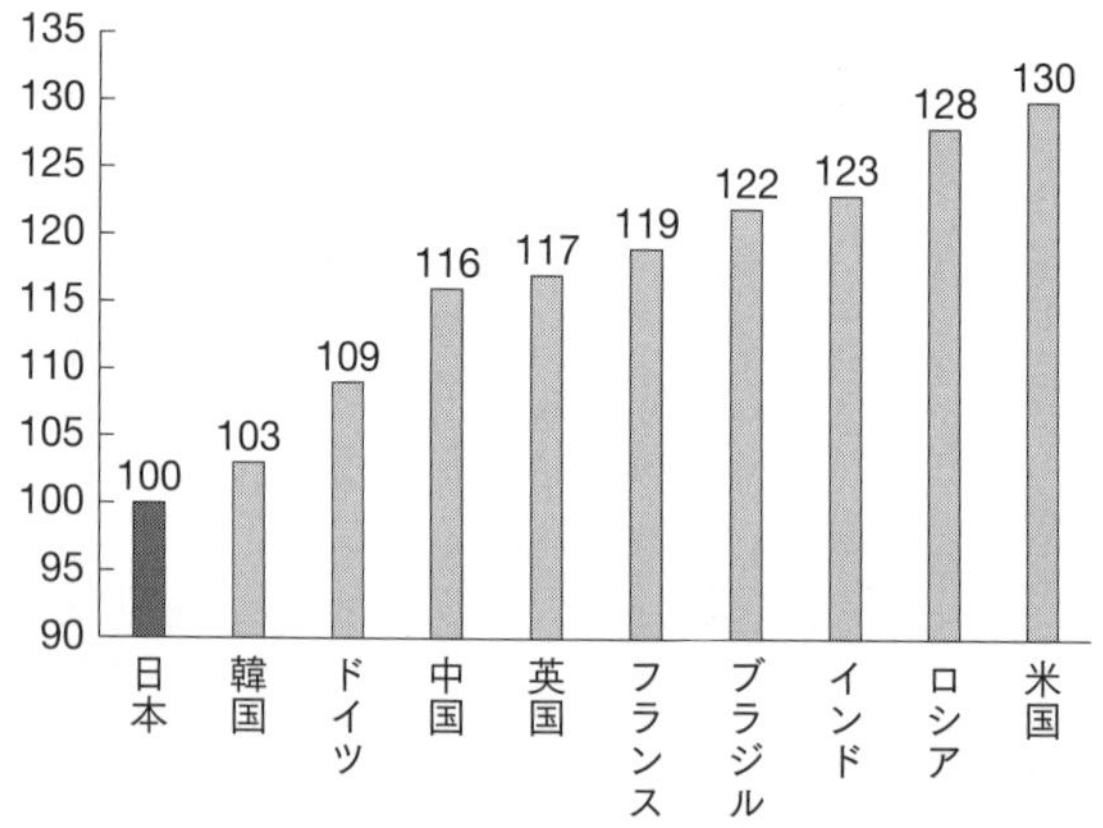


［出所］　地球環境産業技術研究機構（RITE）より野村総合研究所作成

このような状況において、日本の鉄鋼業界では、これまで以下の「3E」の取り組みを推進し、省エネ化や$CO_2$排出削減に向けて積極的に取り組んできました。これらの結果、日本の鉄鋼業界は世界で最も進んだエネルギー効率を達成しており、今後の$CO_2$削減ポテンシャルが最も小さいことが国際的にも認知されています（図表3－9）。

〈3Eの取り組み〉

- 製鉄プロセスでの$CO_2$排出削減（Eco Process）
- 軽くて強い高機能鋼材の供給を通じて、製品の使用段階での省エネ・$CO_2$削減（Eco Products）
- 世界最高水準の省エネ技術を海外へ普及させることによる世界規模での$CO_2$削減（Eco Solution）

しかしながら、今回、掲げられた2050年のカーボンニュートラルの達成は、鉄鋼業界にとって極めてチャレンジングな目標となります。なぜなら$CO_2$排出量を実質ゼロにするためには、現在の取り組みの延長線上では達成することは困難であると目されるからです。現に日本政府が打ち出した2030年度に温暖化ガス排出量を2013年度比で46％削減するとの中間目標は、日本製鉄が2021年3月に発表した30%削減、及びJFEホールディングスが2020年10月に発表した20%削減の目標値をはるかに上回っています。

そのため今後、国内の鉄鋼業はカーボンニュートラル達成に向けて加速せざるを得ない状況となっています。ところが、前の自動車編で述べた通り、日系鉄鋼メーカーが強みとする軽量で高強度な高機能材ですら、日系自動車メーカーから調達されなくなってしまうリスクもあり、そのような事態に陥れば日系鉄鋼メーカーは突如として国内の大半の仕事を失ってしまうことになります。ただでさえ、日本の粗鋼生産量がこれまでの約1億トン推移から6年連続で減少している最中に(2020年の生産量は8320万トン)、それに追い打ちをかけることになってしまっては、日本の鉄鋼業界は国内事業を維持することすら難しくなることが危惧されます。

## 鉄鋼業界における事業機会

今後、鉄鋼業界が自動車産業をはじめ、鉄を多く使う産業からの要求を満たすためには、カーボンニュートラルに向けた取り組みを加速していかなければなりません。そのためには、以下5つの取り組みを重点的に実施していく必要があると考えられます。

■重点施策①：$CO_2$ネットゼロアプローチの推進

- 従来のコークスなど還元剤を使いつつも、炭素貯留、炭素回収・利用などで$CO_2$を処理

■重点施策②：非炭素化プロセスアプローチの推進

- 電化（電炉操業へのシフト）+グリーン電源化の推進
- 水素還元など非炭素化プロセスへの抜本的な変更、革新プロセスの確立

■重点施策③：鉄リサイクルを基軸とした総合リサイクル業への展開

■重点施策④：鉄鋼ユーザーとの$CO_2$フリー鋼材を使った製品開発・生産工程の確立

■重点施策⑤：域内でのエネルギー最適化を通じたオフセット化

- 域内の炭素「C」と水素「H」のマテリアルバランスの最適化、業界の垣根を越えた連携
- 高温排熱の有効利用　など

具体的にどのような取り組みが必要になるのでしょうか。ここではまず、先行するスウェーデン鉄鋼大手のスウェーデンスティール（SSAB）の事例を取り上げ、その内容をみて

いくことにします。SSABは、2045年のカーボンニュートラルの達成を宣言しており、今後、電化の推進、及び水素還元による非炭素化プロセスの確立を通じてカーボンニュートラルの実現を目指しています。電化の推進においては、2025年頃にスウェーデンのオクセレースンドにおいて、また2030年から2040年にかけてフィンランドのラーへ、スウェーデンのルーレオにおいて電炉操業へシフトしていく方針です。一方、非炭素化の取り組みについてはスウェーデン鉄鉱石採掘会社のLKAB、スウェーデン電力会社のバッテンフォールと共同で、化石燃料を一切用いない水素による直接還元鉄（Direct Reduction of Iron）の実証プロジェクト「HYBRIT」に取り組んでいます。

この「HYBRIT」プロジェクトでは、既に2020年8月に同国北東部のルーレオで高さ50メートルの試験プラント（建設費1億5千万ユーロ）を稼働させています。ここで大量の水素を使用するため、地下30メートルに100㎥ほどの洞窟を掘り、大規模な水素の貯蔵施設も新たに建設しています（2022~2024年稼働予定）。そして当該プロジェクトにおいて、先進的な量産プラントをスウェーデン北部のイェリバレに建設することを2021年3月に決定しました。それは風力発電など再エネの電気でつくったグリーン水素を使って鉄を生産するというものであり、小型の高炉1基分に相当する130万トンの鋼材をCO$_2$フリーで製造し（CO$_2$フリー鋼材）、2026年までに出荷を始める予定となっています。

また同社は、お客様であるスウェーデン商用車大手のVolvoグループとCO$_2$フリー鋼材を使った世界初の自動車の開発、生産で協業することを2021年4月に合意しました。両社は鋼材の軽量化、品質の最適化に関する共同研究を実施し、2021年内にSSABが製造したCO$_2$フリー鋼材を使い、Volvo Trucksのコンセプト車、部品の生産に入る予定です。2022年には小規模な連続生産を計画していますが、徐々に量産体制を構築していく方針となっています。このように欧州では比較的入手がしやすい再エネからつくられたグリーン水素による直接還元鉄の実用化・量産化が一部の企業で進められているのです。

日本においてもそうした取り組みは既に始まっています。日本鉄鋼連盟は2018年、長期温暖化対策ビジョンとして製鉄プロセスでCO$_2$を出さない「ゼロカーボン・スチールへの挑戦」を公表しました。この一環として、日本製鉄は2016年からNEDOと協力し、千葉県君津製作所に試験高炉を設置し、実証実験を進め、2030年頃の実用化を目指しています。このプロジェクトはCOURSE50と呼ばれ、高炉の水素利用でCO$_2$を10％削減、高炉ガスからのCO$_2$分離回収で20％削減、合計30％の削減を目指しています。さらに

図表 3-10　日本製鉄のカーボンニュートラルに向けたロードマップとカーボンニュートラル製鉄プロセス

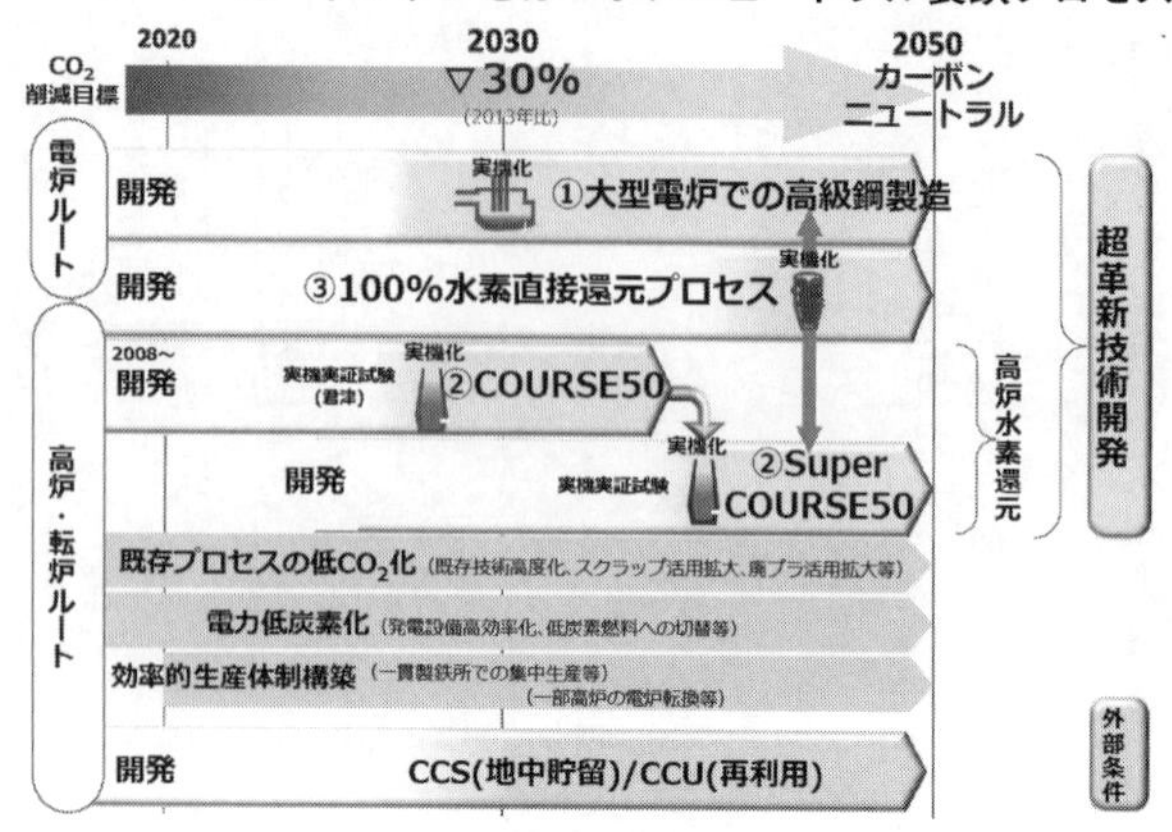


［出所］　日本製鉄カーボンニュートラルビジョン

同社は2050年に向けて、高炉からのより一層の$CO_2$排出削減を狙ったSuper COURSE50や100％水素直接還元プロセス、大型電炉での高級鋼製造など超革新技術の開発にチャレンジし、CCUS等によるカーボンオフセット対策なども含めた複線的なアプローチでカーボンニュートラルを目指すことを表明しています（図表3－10）。

しかしながら、今後の課題も沢山あります。特に高炉まわりでは、①水素還元による革新プロセスの確立、②安価なグリーン水素の大量調達、③完全水素還元するための巨額な設備投資、といった3つの課題がありま す。①については、水素還元が吸熱反応であるため、最終的に鉄鋼製品にするには、固体として造られた鉄に再度、熱をかけなければなりませんが、その熱もカーボンニュートラルを実現する必要があります。そのため、カーボンフリー電力（再エネ）を使った電炉等で溶かしていく必要があるのです。②については、現在、再エネの普及率が低い日本においてグリーン水素を安く大量に調達することは困難であり、国内外を問わず、調達の多様化を進めていく必要があります。業界内でのコンセンサスでは、銑鉄の国内の年間生産量の約7500万トンを水素還元法に転換するには約700トンの水素が必要であり、かつ8円／N㎥まで水素コストを下げないと成立しないとされています。そして③については、完全水素還元を実現するには既存の高炉が使えないため、全て新しい生産設備に切り替えなければならず、そのためには兆円オーダーでの投資をしていく必要があります。いずれにしてもヒト・モノ・カネを相当掛けなければ達成し得ない極めてチャレンジングな取り組みと言えるでしょう。

一方、高炉まわりの取り組みと並行して、電炉の積極活用も進めていく必要があります。現在、国内において年間で約3000万トンの鉄スクラップが発生していますが、その3割弱は海外に輸出している状況です。これらの資源循環を国内でさらに進めることは有効なアプローチのひとつであり、そのために鉄スクラップの回収・リサイクルを積極的に進めていくことが望まれます。このあとの化学編でも述べていますが、今後、素材産業におけるカーボンニュートラルに向けた課題の一つとしてリサイクルを通じた静脈網（再資源化ネットワーク）の整備があげられます。それにより動脈側（製造側）の資源投入量の削減や$CO_2$削減を図ることも期待できます。カーボンニュートラルを機に鉄のみにとどまらず、鉄鋼業は、欧州のように、非鉄、化学、素材を含めた総合リサイクラーを目指すことも成長機会の一つの選択肢になると思われます。

最後に、域内でのエネルギー最適化を通じたオフセット化について言及します。この施策は従来の企業単独のアプローチではなく、域内でカーボンニュートラルを目指そうというものです。特に鉄鋼業は臨海部のコンビナートに位置していることが多く、コンビナート内には製鉄所のみならず、製油所、発電所、石油化学プラントなどエネルギー産業や石油化学産業のプラントが集積しています。製鉄所で排出した$CO_2$をある一定の濃度や純度に精製して域内で融通し、石油化学産業やガス業界等での$CO_2$起源のプラスチック製造や合成燃料、カーボンニュートラルメタンの精製の際の原料に使い、これにより域内で$CO_2$排出をゼロにすることが期待されています（図表3－11）。つまり、炭素「C」と水素「H」のマテリアルバランスを地域で最適化し、地域全体として$CO_2$をオフセットしていく試みと言え

図表 3-11　プロトンアイランド構想

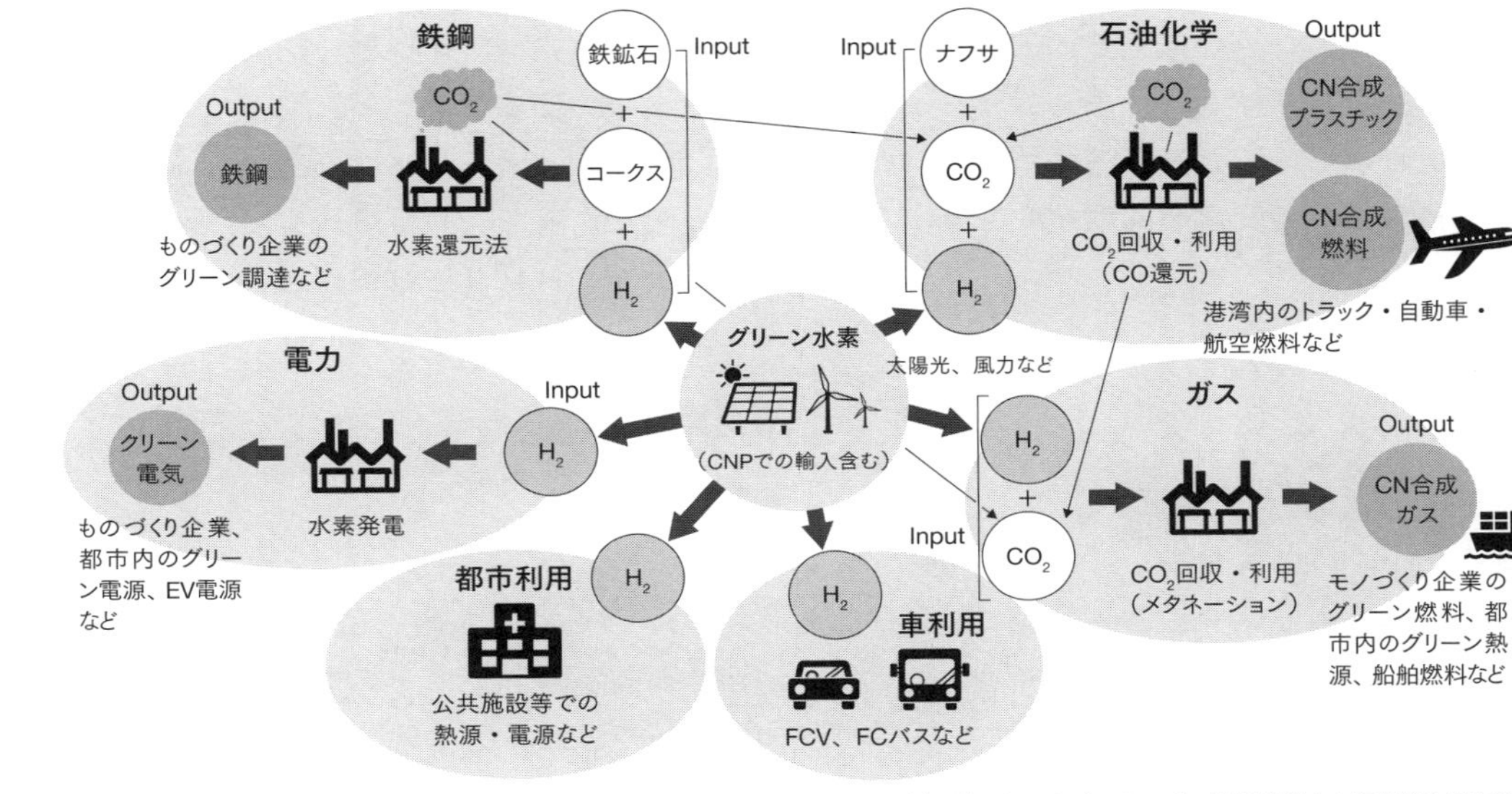


［出所］ あいちゼロカーボン推進協議会と野村総合研究所作成

ます。

この構想の実現には域内で安価な大量の水素を融通させていくことが必要になります。例えば、あいちゼロカーボン推進協議会では、ものづくり産業が多く集積する愛知県内において、この構想の具現化を目指しています。今後、鉄鋼業界は鉄を供給する一モノづくり企業から、カーボンニュートラルを支えるインフラ・ユーティリティー企業になることを期待しています。

## 3　化学

### 化学業界に対するカーボンニュートラルの影響

化学業界では、原油などの化石資源を原料として各種の化学製品を製造する工程で多くのエネルギーを利用しています。産業部門で発生する二酸化炭素排出量の14・6％を占め、鉄鋼業に次いで排出量の多い業種となっています。カーボンニュートラルといった場合、原料の脱カーボン化を図るとともに、製造工程のエネルギー利用量の削減を図ることが求められます。

まず、原料に注目すると、日本の化学業界では原油から抽出されるナフサを出発原料として、いろいろな製品を製造する〝石油化学〟企業が多いことが特徴です。全国で15カ所の石油化学コンビナートが稼働しており、カーボンニュートラルを達成するためにはコンビナートで利用している原料を、化石資源起源以外の原料（バイオ起源の原料）に切り替えるか、もしくはカーボン原料を原油ではなくリサイクル材にすることが求められます。

石油化学産業では、原油を輸入し、この原油を精製して、自動車などの燃料に使うガソリンや、航空機向けに使うジェット燃料などを製造する過程で精製されるナフサを原料として、化学製品を製造しています（図表3―12）。今後、自動車分野でのEVシフトが進む中では、ガソリンの需要が減少し、ナフサの生産量も減少することになりますので、各コンビナート内でマテリアルバランスをとりつつ、2050年のカーボンニュートラルを目指すことが求められます。化学業界においては、各コンビナートの個別企業が単独で対応するだけではなく、各石油コンビナート全体として、効率よくカーボンニュートラルを図っていくことが必要です。

各コンビナートは、立地条件や構成企業が異なっています。また、再生可能エネルギー

**図表 3-12　石油化学のプロセス**

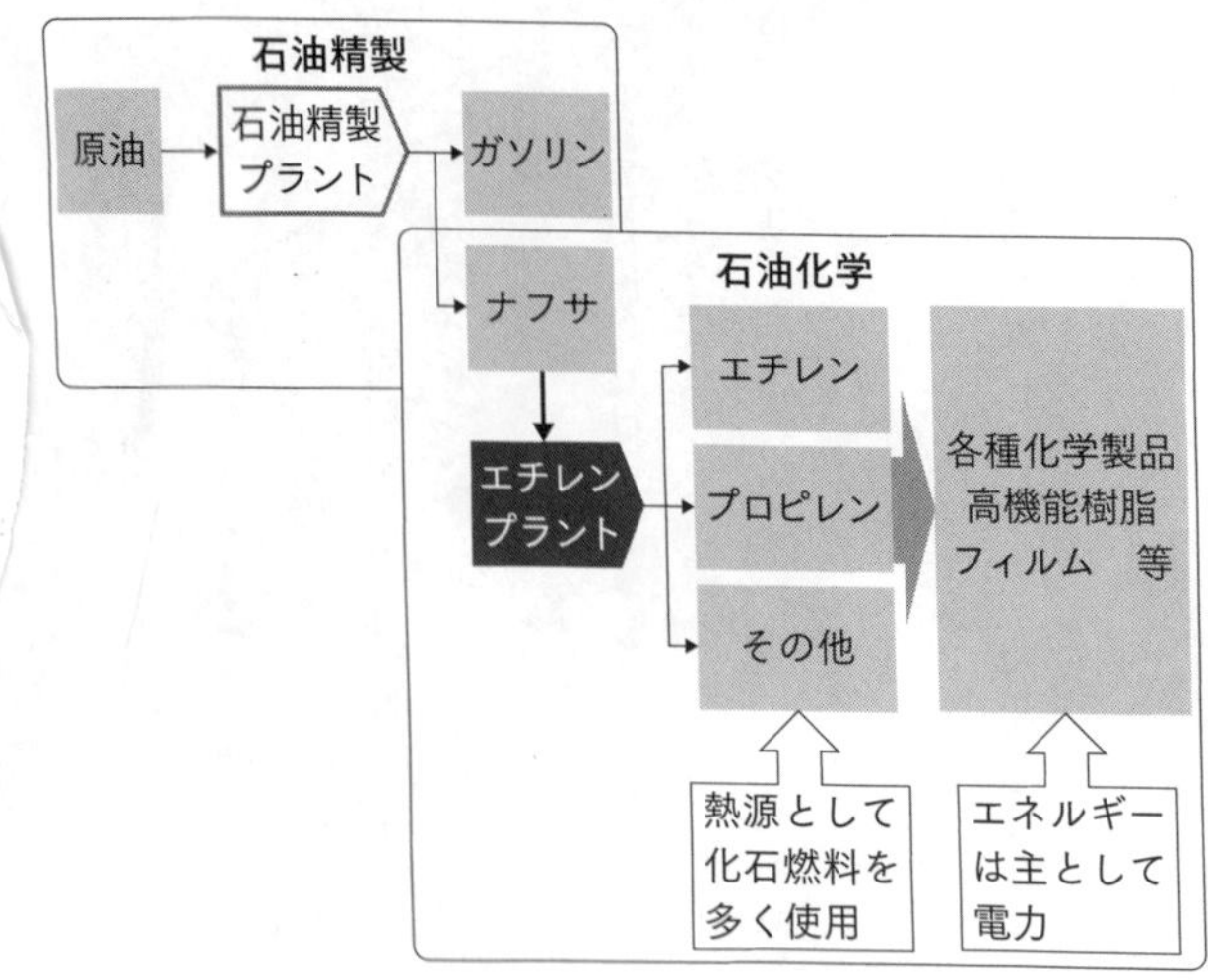


［出所］　野村総合研究所

や、輸入アンモニア／水素の調達の時期にも差があることから、全国のコンビナートが一律に変化するというよりも、各地域特性に即して再編していく可能性が高いと考えられます。

原料のナフサから複数の化学製品を製造する工程においても大量のエネルギーが必要となります。ナフサを原料としてエチレン、プロピレンなどの化学製品を製造する工程（上流側）では、この製造過程で蒸気などの熱が必要となり、原料のナフサ以外に化石燃料を多く使用しています。また、エチレン、プロピレン等の素材から、各種化学製品（高機能樹脂やフィルムなど）を製造していますが、この高機能樹脂やフィルムを製造する工程（下流側）では、上流と比較して利用するエネルギーは少なく、また、エネルギー源としては電力を利用している場合も多いことが特徴です。

上流側の高温の蒸気などの熱を使う企業は、カーボンニュートラルの影響を大きく受けることになります。一方、投入エネルギー量が、上流側と比較して少なく、しかも電力を利用している下流側の企業では、電力を再生可能エネルギーに置き換えることも可能であり、上流側の企業と比べるとカーボンニュートラルの影響は少ないとみられています。

以上、石油を原料とする化学産業を中心に、カーボンニュートラルによる影響を概観してきましたが、化学製品の原料として原油以外の原料を活用する企業も多く存在することに留意する必要があると思います。例えば、天然ガス／石油ガスを原料として、メタノールやアンモニアを製造し、この製品群を出発原料として各種の化学製品を製造している〝ガス化学〟産業があげられます。日本では、〝石油化学〟が主体となっていますが、世界的には天然ガスやシェールガスなどのガスを出発原料とする〝ガス化学〟のシェアが高まっており、半分程度の割合を占めています。詳細は、次の項で述べますが、図表3－13に示すように二酸化炭素を回収し、この二酸化炭素を再び、化学材料として活用する際にはガス化学の技術

コメント

日本は石油起源のナフサを原料とした工法が主流。

世界的にガス化学が増加している。

カーボンニュートラルを達成するためには出発原料をリサイクル炭素とする必要がある。

回収した樹脂をリサイクル樹脂素材として再生できる回数には、技術的に限界があり、寿命が来た樹脂は合成ガスに戻し、ガス化学の経路で製造することが必要。

［出所］ 野村総合研究所

が活用される可能性があるのです。

**化学業界における事業機会**

歴史を遡ると日本の石油化学業界は、石炭から石油への燃料変換の時期に、この変化をいち早く取り込んで業界全体として成長しました。今回のカーボンニュートラルも、エネルギー源が従来の化石燃料から、再生可能エネルギーならびにグリーン水素へ転換する機会と捉えることができますが、この変化をうまく取り込むことによって、化学業界においては、以下

**図表 3-13　現状の化学業界と今後の方向性**

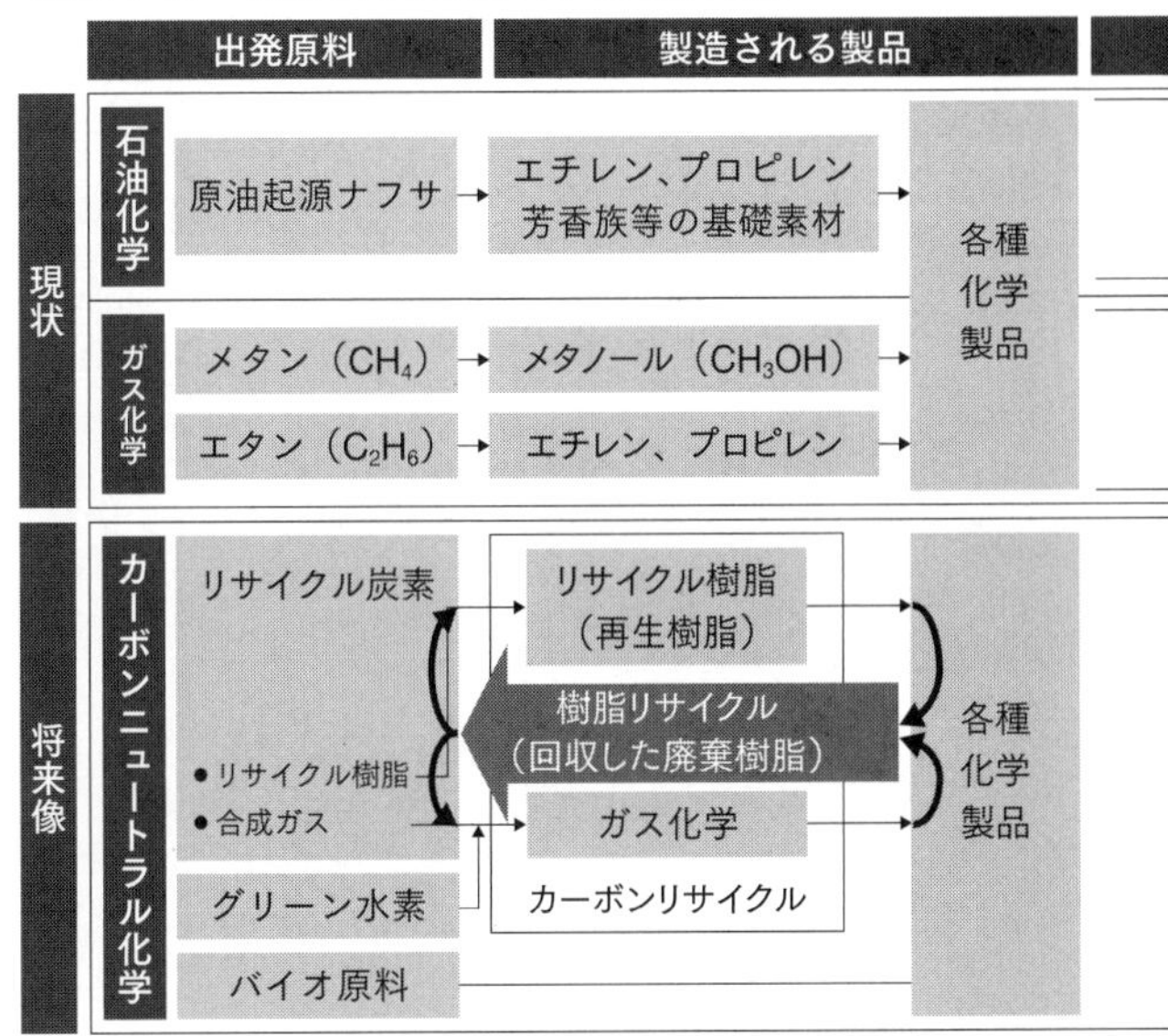


のような3つの事業機会が広がっています。

- カーボンリサイクル
- バイオ原料活用
- 水電解産業／$CO_2$ケミストリー

(1)　カーボンリサイクル

化石資源から石油化学コンビナートにおいて生産されたエチレンなどの素材（＝炭素）は、樹脂などの化学製品として利用されたあと、現状日本国内では8割程度が回収されています。しかし、再び、樹脂として日本国内で利用される量は、残念ながら7％程度の水準に過ぎないのが現状です。多くは、燃焼し発生するエネルギーとして回収するサーマルリサイクルがされています。今後、カーボンニュートラルを達成するためには、燃焼して炭素が二酸化炭素の形で大気中に放出されてしまうことを回避する必要があります。この対応方策として、カーボンをリサイクルとすることが有効です。具体的には、樹脂を樹脂のままでリサイクルする①マテリアルリサイクルと、樹脂を一度、分子レベルに分解してあらためて化学製品を製造する②ケミカルリサイクルの2つの方法が存在します。

まず、①マテリアルリサイクルを促進するためには、同じ組成の材料別に回収し採用することが求められますが、この仕組みとしては回収した樹脂を品位の高い樹脂として再生する技術が必要となります。

現状の①マテリアルリサイクルの技術では、何度か再生すると材料の物理的な性能が劣化してしまうため、②のケミカルリサイクル技術が重要となります。ケミカルリサイクルの技術としては、樹脂を分子レベルに分解してアンモニアやメタノールの素材に戻し、再びこれらの素材を原料として化学製品をつくる〝ガス化学〟の技術活用が注目されています。例えば、昭和電工は、都市ゴミからアンモニアを製造しています。また、三菱ガス化学では、合成ガスからメタノールを製造する技術を用いて、2021年3月にはメタノールを主軸としたカーボンニュートラルの方向性を打ち出しています。

さらに、回収した二酸化炭素から、メタンをつくるメタネーションも注目されており、日本国内では大規模な実証実験も行われています。具体的には、NEDOの$CO_2$有効利用技術開発事業として、$CO_2$と水素からメタンを合成する試験設備を国際石油開発帝石長岡鉱場の越路原プラント敷地内において試運転が開始されています。この実証実験では、天然ガスの発掘時に産出される二酸化炭素を回収し、水素と反応させることによって、メタン製造の量産化に成功しています。メタンは、燃料として利用することが可能であり、将来的には工場から排出された二酸化炭素を回収し、水素と反応させてメタンをつくり、再び燃料として活用することを構想しています。

### (2)　バイオ原料活用

炭素原料を化石燃料ではなく、植物起源の炭素から製造する取り組みも今後、成長していくと予想されます。植物は、空気中の二酸化炭素を光合成の反応によって固定してセルロー

**図表 3-14　バイオ樹脂の参入状況**

| 企業 | 製品 | 製品化レベル | 概要 |
| --- | --- | --- | --- |
| 三菱ケミカル | 生分解性樹脂（バイオPBS） | タイのPTT社と合弁との合弁会社を設立して量産化に着手 | 原料：トウモロコシなどの糖<br>用途：ストローやカプセル式コーヒーマシンの包装材 |
| 三井化学 | ポリプロピレン | 商用生産に向けた実験 | 原料：非可食植物を主体とするバイオマス原料を使用 |
| カネカ | 生分解性ポリマーPHBH | 年5000t規模の工場を兵庫県で投資。2万t規模増設も視野にいれる | 用途：ストローやフォークなどの食器類。港湾で使うプラスチック資材など |

［出所］ 野村総合研究所

スなどのバイオ原料を生み出していますが、このバイオ原料は再生可能であるため、カーボンニュートラル素材として多くの化学企業が注目しています。

近年、海洋におけるマイクロプラスチックの問題に対応して、プラスチックの廃棄後に生分解するプラスチックの製造に大手化学企業が着手していますが、今後、カーボンニュートラルの動きを受け、こうした取り組みも加速していくと思われます。例えば、触媒を使って、稲のもみ殻から樹脂素材の原料を量産化する技術開発も進んでいます。現時点では大学の実験室レベルの取り組みですが、もみ殻に代表されるように、これまで有効な用途先が少なかったバイオ原料を化学製品として活用できることに対して大きな期待が寄せられています。

また、欧州の世界最大規模の化学メーカーであるBASFでは、有機廃棄物や植物油起源のバイオナフサやバイオガスなどの再生可能原料を用いたことを認証できる仕組みづくりを進めています。この認証方法を活用し、削減された二酸化炭素量を特定製品に割り当て、プレミアムをつけて提供する方法を提案しています。同社は、カーボンニュートラル材料を望むユーザーに対して、優先的にカーボンニュートラルが認証された製品を提供することによって、自社製品の差別化を図ることを目指しているのです。

### (3)　水電解／$CO_2$ケミストリー

カーボンニュートラルを達成する際に、太陽光や風力発電などの再生可能エネルギーの余剰分をどのように蓄積するかが課題になります。この貯蔵方法の一つとして、水素利用が注目されており、余剰電気を用いて水を電気分解し、水素を発生させ、貯蔵・輸送して活用する市場の拡大が期待されています。

それに伴い、大きな成長が期待されるのが水電解産業です。EUでは、2030年までに、合計4000万KWの水電解装置を導入する目標が掲げられていますが、この水電解に

### 図表 3-15　水電解システムをコアとした$CO_2$ケミストリー構想：旭化成

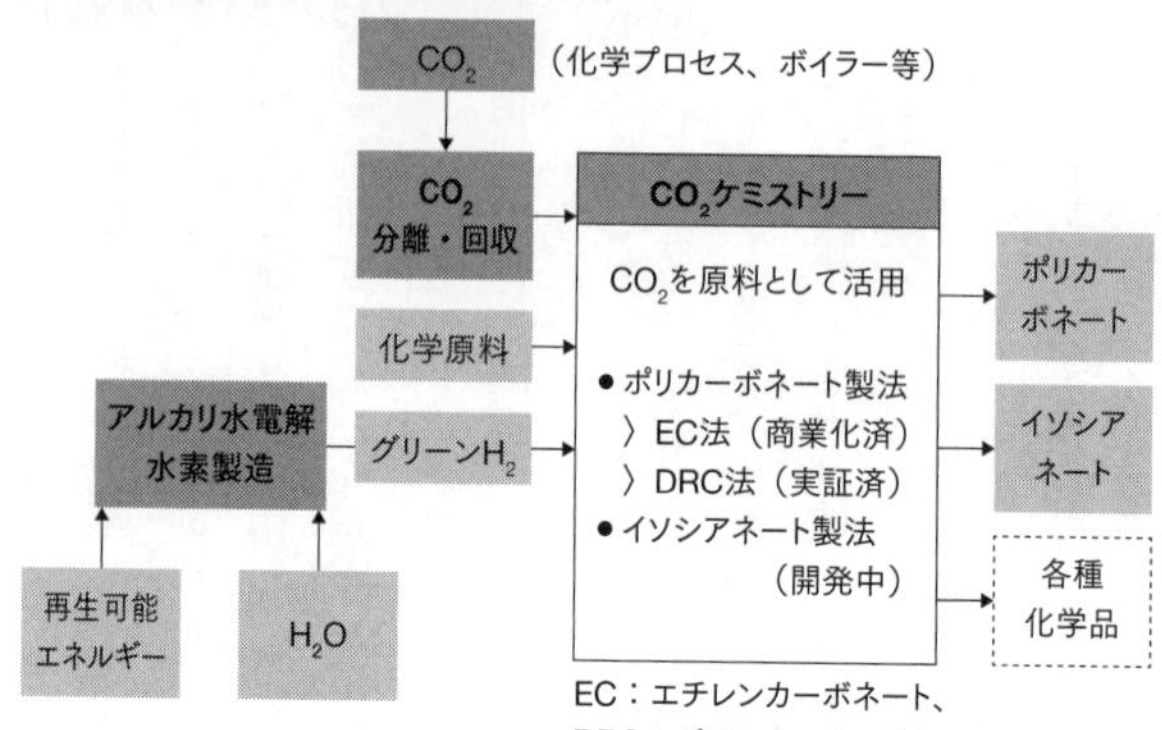


［出所］　旭化成公開資料
https://www.asahi-kasei.com/jp/ir/library/business/pdf/201201.pdf

おいて、化学産業は重要な役割を果たすと期待されています。

日本においては、ＮＥＤＯが中心となって進めている福島水素エネルギー研究フィールドの実証システムにおいて、旭化成は世界最大規模の10MW級のアルカリ水電解システムでのクリーン水素の製造を担当しています。旭化成では、２０５０年を目指し二酸化炭素を活用した「ＣＯ$^2$ケミストリー構想」を掲げていますが、同構想では、図表3−15のように、二酸化炭素を原料として、ポリカーボネートやイソシアネートなどの化学製品の製造を進めようとしています。

以上、カーボンリサイクル、バイオ原料活用、水電解／$CO_2$ケミストリーの3つの側面から、化学産業における事業機会を俯瞰しました。この3つの取り組みは、バラバラの事業ではなく、密接に関連していくことが予想され、今後、石油化学コンビナートが2050年のカーボンニュートラルに向けて再編が求められる中で、化学産業においては、各コンビナートの特徴を活かして、コンビナート単位で、カーボンリサイクル、バイオ原料活用、水電解／$CO_2$ケミストリーに関連する産業を戦略的に育成していくことが求められます。

## 4　物流

### 物流業界に対するカーボンニュートラルの影響

物流業界は、メーカーや小売といった荷主企業の要望を踏まえてモノの輸送等の物流サービスを提供しています。物流各社は、モノを破損させないといった高いオペレーション水準であること（物流品質：Quality）、より安く物流サービスを提供すること（コスト：Cost）、より早く正確なタイミングで届けること（納期：Delivery）というQCDの観点を荷主企業から主に求められてきました。物流各社のオペレーション水準の向上や、交通インフラの整

図表 3-16　物流業界に求められる QCD+CN

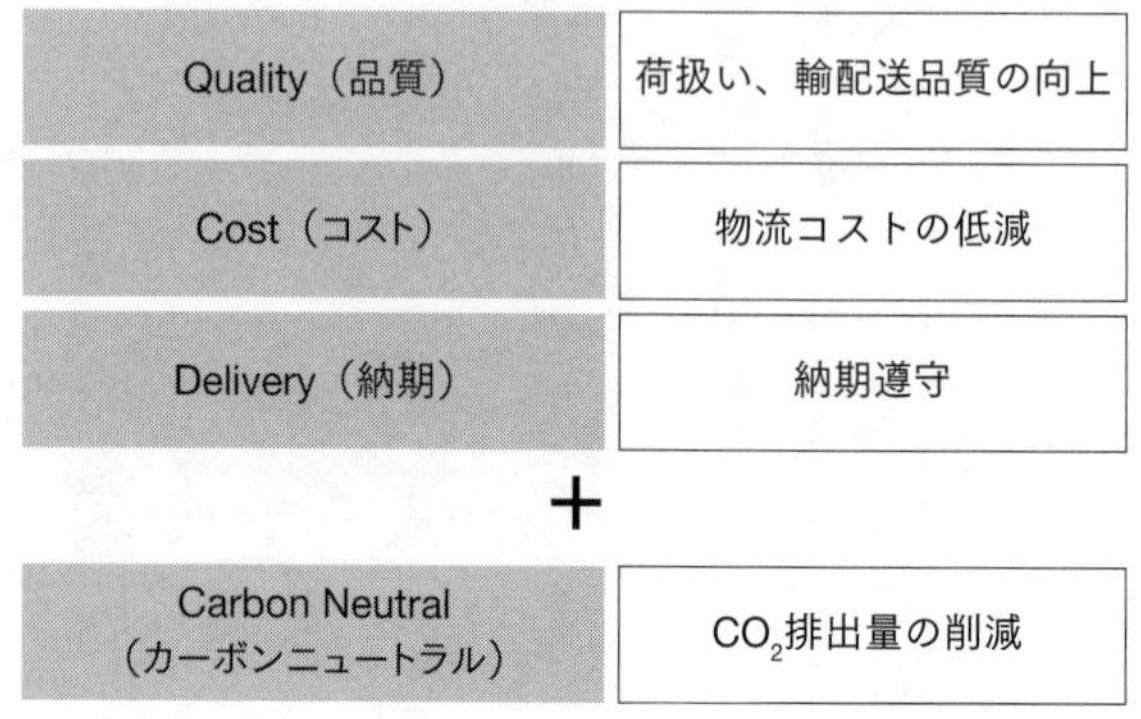


［出所］ 野村総合研究所

備による配送時間の短縮などによって、物流品質や納期の観点では多くの企業が荷主の期待に応えられるようになっています。結果として、近年は特にコストが重視され、物流各社はいかに安く物流サービスを提供できるかに注力をしてきました。

今後、カーボンニュートラルがメーカーや小売に求められるようになると、サプライチェーン全体での$CO_2$排出量削減が求められるようになります。材料メーカー、卸企業、小売企業のみならず、物流業界もサプライチェーンを構成する上で重要な主体であることから、荷主の要請を受けて、物流における$CO_2$排出量の最小化に応えていかなければなりません。そのため従来のQCDの視点にカーボンニュートラル（CN）が追加され、QCD+CNの観点が求められるようになります（図表3－16）。

物流業界では、既に$CO_2$排出削減の取り組みが始められています。まず各社が取り組んでいるのは、輸配送時の車両が排出する$CO_2$の削減です。例えばヤマトホールディングス傘下のヤマト運輸は、宅配便にEVの活用を進めています。ドイツのスタートアップと車両を共同開発し、2030年までに5000台の導入を目指すと2019年に発表しました。SGホールディングス傘下の佐川急便や、日本郵便でも、同様に低公害トラックやEVを宅配に活用し始めています。企業物流の大手である日本通運も、2013年度比で$CO_2$排出量を30%削減することを目標に掲げ、車両の低公害化、梱包資材の省資源化、太陽光発電設備の設置といった取り組みを進めています。

ただし、EVの導入など輸配送時の車両が排出する$CO_2$の削減には、導入コストが高く、まだ一部の大企業での取り組みにとどまっているのが現状です。トラック運送事業者のほとんどが保有車両数台程度の小規模企業であり、業界全体として$CO_2$排出量削減は容易ではありません。$CO_2$排出量のさらなる削減には、導入コストの低減につながる技術革新や公的な導入支援制度といった面に依存せざるを得ないと言えます。

一方、物流業界が主導して$CO_2$排出量を削減できる余地もあります。それは、現在の物流の無駄を排し効率的なオペレーションを追求することです。具体的には、輸配送ルートの最適化、在庫拠点の最適化、業務の効率化などが該当します。物流企業は荷主企業それぞれの要望に応じてサービスも分けて提供していることが多いことから、複数荷主をまとめて業務を行うことで無駄をなくし、$CO_2$排出量を削減できます。どうしても個社対応すべき領域を見極め、できるだけオペレーションを共通化することが重要になります。そのために、物流企業には業務を共通化する設計能力、共通化した業務を効率的に遂行するデジタル技術の活用力が求められてくるでしょう。

また、荷主に対して$CO_2$排出量を報告することも必要になってきますが、現状では、どこでどれだけの$CO_2$が排出されているかを可視化できていないケースがほとんどです。その背景には、物流業界は多重下請け構造であり、多くの企業が関わっていることも影響していると考えられますが、今後は、自社のみならず協力会社も含めて$CO_2$排出量を把握して報告することが求められるため、協力会社を含めた$CO_2$排出量の可視化を実現することが必須であると言えます。このことが、これからの競争環境で生き残る上での必須条件になるでしょう。

**図表 3-17　物流業界における事業機会**

| サービス展開イメージ | | 物流業界の事業機会 |
|---|---|---|
| ① 物流の$CO_2$排出量の可視化 | 原単位を用いた可視化<br>燃費法、燃料法を用いた可視化<br>※自社車両、他社車両を一元的に可視化 | 荷主の$CO_2$排出量把握要請への対応<br>※可視化だけでは売上増は困難 |
| ② $CO_2$排出量を最小化する物流オペレーションの提供（3PL事業） | 従来の3PL事業において、配送や在庫保管の面でより$CO_2$排出の少ないオペレーションを選択して実施 | $CO_2$排出を最小化したオペレーション提供を武器に3PL事業を拡大 |
| ③ $CO_2$排出量管理・最小化サービス提供 | 物流に関わる排出量管理サービスを、荷主や他の物流会社に提供<br>上記3PL事業での経験を踏まえ、最適ルートを組み、最適在庫計画ソリューションとして外販 | $CO_2$排出削減コンサル、LLP事業としての拡大 |

［出所］ 野村総合研究所

## 物流業界における事業機会

前述の通り、カーボンニュートラルに向けて、物流業界は$CO_2$排出量の可視化などの対応が求められます。必要な対応は事業を継続する上での必須事項となり、対応を怠れば生き残れなくなることも懸念されます。一方で、カーボンニュートラルの要請の高まりによって、新たな事業機会も増えてくると考えられます。まずは$CO_2$排出量の可視化を実現することが求められますが、その先にどのような機会が期待できそうかを図表3−17に整理してみました。

① 物流の$CO_2$排出量の可視化

まずは物流における$CO_2$排出量を可視化し、荷主の$CO_2$排出量把握要請に対応しなければなりません。これは差別化要素ではなく、対応しないと事業継続ができなくなるような対応必須な事項と言えます。

$CO_2$排出量をより正確に測定するには、センサー等を活用して消費燃料を正確に把握する方法が考えられますが、コスト負担の大きさからすぐには現実的ではありません。比較的取り組みやすい方法としては、単位距離あたりの排出量や作業単位あたりの排出量を設定し、全体の$CO_2$排出量モデルを構築することで$CO_2$排出量を把握する方法が現実的と考えます。原単位については、国土交通省と経済産業省が合同で公表した数値もあり、これを活用することも考えられます。なお、物流オペレーションには、自社の車両や拠点だけでなく、協力会社の車両や拠点も多く活用されていることから、自社分だけでなく、協力会社分も$CO_2$排出量を把握することが必要となるでしょう。

② $CO_2$排出量を最小化する物流オペレーションの提供（3PL事業）

$CO_2$排出量が可視化でき、自社のオペレーションのどこでどれだけの排出がされているかを把握できるようになると、$CO_2$排出量を考慮した物流オペレーションを提供できるようになります。今までは納期重視だったものを、納期を1日遅らせられれば$CO_2$排出量を3割減らしたサービス提供可能といったオプションを提示することも可能になります。このオプション提示力が3PL事業（物流の改革提案から受託までトータルで請け負う事業）の差別化要素となって、事業を拡大することも期待できます。可視化された$CO_2$排出量をもとに、従来の3PL事業において、より$CO_2$排出量を最小化したオペレーションを提供できるようになるためには、$CO_2$排出データを用いた最適ルートや庫内作業の設計能力が必要となります。デジタル技術を活用した物流オペレーションの効率化については、物流会社のみならず、多数のスタートアップも取り組んでいるテーマであり、今後はこうしたプレイヤーを活用していくことも重要になるでしょう。

### ③　$CO_2$排出量管理・最小化サービス提供

$CO_2$排出量を把握し最小化する物流オペレーションを設計する能力を持てれば、それを$CO_2$排出量管理・最小化サービスとして外販することも可能になります。具体的なビジネスモデルは図表3－18の通りですが、まず、$CO_2$排出量管理サービスを提供する物流事業

**図表 3-18　$CO_2$ 排出量管理・情報提供サービスイメージ**

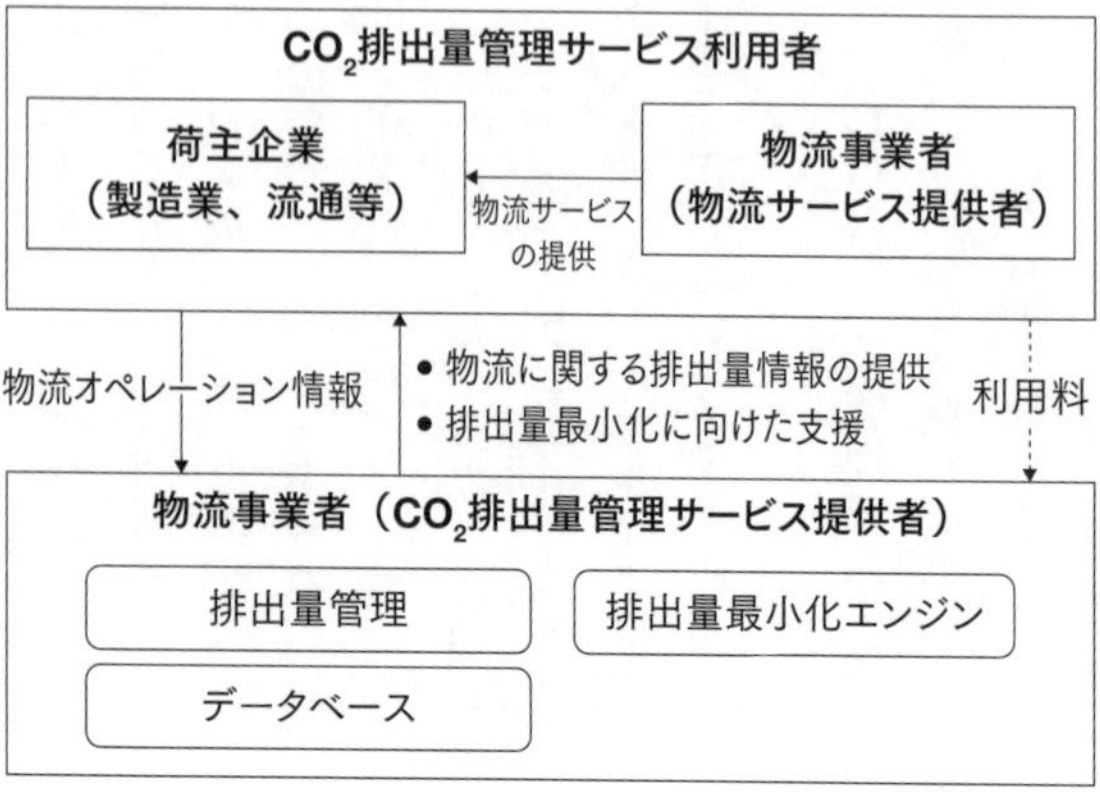

$CO_2$排出量管理サービス利用者

荷主企業
（製造業、流通等）

物流事業者
（物流サービス提供者）

物流サービスの提供

物流オペレーション情報

- 物流に関する排出量情報の提供
- 排出量最小化に向けた支援

利用料

物流事業者（$CO_2$排出量管理サービス提供者）

排出量管理

排出量最小化エンジン

データベース

［出所］　野村総合研究所

者が、荷主企業側から配送ルートや物流拠点での作業状況等の物流オペレーションの情報を収集し、物流サービスごとの排出量情報を提供します。そして、その情報をもとに$CO_2$排出削減に向けたコンサルサービスを提供し、$CO_2$排出量管理サービス利用料を受け取ります。その際、利用料については、$CO_2$排出量削減量に応じた金額とすることも可能になると考えられます。

上記の取り組みステップに対して、日本の多くの物流企業はこれから着手する段階ではありますが、世界の大手企業はすでにいくつか取り組みを始めています。その一例として、物流の世界大手企業である独DHLが挙げられます。DHLは、2030年までに2900万トンの

$CO_2$削減、2050年までの実質排出ゼロを目標に掲げています。その目標達成に向けて、EVの導入や低排出燃料の活用に加えて、$CO_2$排出量レポート等のサービスも展開し始めています。

排出量レポートについては、国際基準を用いた排出量の計測・レポート、排出量計算ツール、他企業等との比較サービス等があり、利用者の$CO_2$排出量管理、排出削減を支援しています。レポートや各ツールはWeb上で簡単に扱えるようになっており、$CO_2$排出量をシミュレーションするツール「Carbon Calculator」では、画面上で利用者は自由に輸送ルートを設定することができ、ルートごとの$CO_2$排出量を見積もることも可能です。具体的には、発地と着地を都市単位で選択し、次に輸送重量を入力し、輸送モードを航空、海上、トラック、鉄道から選択すると、選択したモードでの輸送による$CO_2$排出量が算出される仕組みとなっています。

カーボンニュートラルを実現するには、排出量の把握・管理を行った上で、最適化（排出量の低減）を行い、オフセットを行うことが必要ですが、DHLでは、各段階においてこうしたサービスを提供しており、具体例として、オフセットクレジットを用いた排出量実質ゼロ配送サービスの提供、排出量・コスト削減を実現するためのコンサルティングサービスが挙げられます。

日本の物流企業の$CO_2$排出量削減の取り組みはまだ始まったばかりです。今後は、EVや再生可能エネルギーの活用にとどまっている取り組みを、データを活用して$CO_2$排出量の可視化、排出削減に向けたサービスにまで広げることが必要です。そのためには、提供している物流サービスごとにどのくらい$CO_2$が排出されているかを把握することが必要になります。まずは現在提供している物流サービスの内容をデジタルも活用して容易に一元的に把握できるようにしておくことが必要です。

しかしながら、業務のデジタル化はこれまでの日本の物流企業が苦手としてきた点でもあります。従来、日本の物流企業は作業員やドライバーの個別の創意工夫によって高い物流品質を実現してきました。こうしたオペレーションモデルは各担当者が継続して業務にあたることができればサービス品質を維持できますが、人材の退職や人口減少による新規採用が困難な状況の中では、もはや限界を迎えていると言えます。また、これらの個別に工夫されたオペレーションは可視化されていないものが多いこと、また、個人ごとにやり方が異なっていることも業務オペレーション上の課題として指摘されています。

カーボンニュートラルの取り組みに際しては、前述したように、業務の標準化、デジタル化の巧拙が成否につながると考えられます。物流業界へのカーボンニュートラルの要求がどんどん高まるのは間違いなく、物流業界に対しては、本気でオペレーションのデジタル化をやり切る覚悟が求められています。今後は、カーボンニュートラルに向けた取り組みに加え、それを実現するための各社のデジタル化に向けた取り組みにも注目したいと思います。

## 5　運輸

### 運輸業界に対するカーボンニュートラルの影響

運輸業界は内燃機関への依存度が高く、カーボンニュートラルの影響が非常に大きいことが特徴です。特に、航空機のジェットエンジンは大量の化石燃料を消費することから、本節では長距離移動の都市間輸送を担う航空輸送を中心にカーボンニュートラルの影響を紹介します。都市間輸送は、航空と高速鉄道が競争する場面が多いですが、排出量の視点では鉄道は再生可能エネルギーより電力が供給されれば$CO_2$排出量を抑えやすく、航空と比較してゼロエミッションの展望も開けやすいと言えます。そのため、運輸業界がカーボンニュートラルを目指すには、航空と鉄道の役割分担にも着目する必要があります。

2020年前後の欧州では、flying shame（飛行機移動は恥ずかしい）という言葉に代表されるように、地球環境を守るために航空機の利用を避け、不便でも高速鉄道に転換する運動が生まれました。さらに、新型コロナウイルスによる移動制限が全世界で進んだことで、一時的ではありますが旅客需要自体が蒸発する事態も生じました。日本では、前者の運動が広がる前に新型コロナウイルスの影響が顕在化し、航空会社は燃費が悪い旧型機や採算が確保できない大型機の廃止に踏み切っています。航空業界全体として供給量の引き締めが進んでおり、新型コロナウイルスに伴う新しい行動様式への対応と合わせて、カーボンニュートラルの実現に向けたアプローチを考えなければならなくなっています。

他の交通モードと異なり、航空機は、エンジンが生み出したエネルギーを、前方へ移動する運動エネルギーとして消費するだけでなく、機体の高度を維持する位置エネルギーとしても消費することになります。さらに移動中は燃料補充を受けられず、そのことは自動車や鉄道と大きく異なる点として留意する必要があります。そのため、重量あたりのエネルギー密度に対する要求がよりシビアで、代替手段の開発が難しくなります。

**図表 3-19　航空機産業の $CO_2$ 排出量抑制に向けた取り組み**

| | |
|---|---|
| ①装備品・推進系の電動化 | ●電動化の範囲を、さらに飛行時の動力や内部システムの作動に係る用途へ拡大<br>●実現には、電池やモーター等の飛躍的な性能向上が必要<br>●日本企業は電池やモーター等の関連分野での要素技術に潜在力な競争力あり |
| ②水素航空機 | ●低炭素化の実現では、電動化技術の搭載に加えて水素燃料の活用が期待<br>●軽量かつ安全性を担保した水素貯蔵タンク、燃焼して使用する場合には新たなエンジン部品の開発等、多数の技術的課題が存在 |
| ③機体・エンジンの軽量化・効率化 | ●金属から炭素繊維複合材への転換やセラミックス基複合材の適用は進行中<br>●今後も、さらなる軽量化・効率化につながる素材の適用ニーズは高まる<br>●日本企業は素材分野で技術的優位性があり、さらなる質向上と低価格化が課題 |
| ④バイオジェット燃料等・合成燃料 | ●現時点の市場はほぼ皆無だが、業界団体ICAOの制度導入で着実に拡大<br>●複数あるバイオジェット燃料等の技術開発は各国が横並びの競争状態<br>●今後は、バイオジェット燃料等の大規模実証により製造コストの削減に取り組む |

［出所］ 経済産業省「2050年カーボンニュートラルに伴うグリーン成長戦略」より野村総合研究所作成

これまでも航空輸送の$CO_2$排出量を抑制するために、運行の効率化や航空機の燃費改善が進められてきました。具体的には、衛星情報を用いた航空管制の高度化で飛行距離を短縮したり、ジェットエンジンのバイパス比を高めることで燃費を向上させたり、炭素繊維を活用して機体の軽量化に取り組んできました。今後は、燃料を石油起源のケロシンからバイオジェット燃料に置き換えることで、$CO_2$排出量を大幅に減らす計画が国際航空分野で策定されています。なお、代替航空燃料はSAF：Sustainable Aviation Fuel と略されることもあります。

さらなる化石燃料の消費削減に向けて、化石燃料を燃焼して推進力や電力を得るのではなく、二次電池を活用する電動化や水素の導入に向けた技術開発も計画されています。航空機には、補助動力装置（APU）と呼ばれる小型エンジンと飛行中の推進力を発生する翼のジェットエンジンの2種類が搭載されていますが、これらは飛行の安全性に大きく影響するため、厳しい品質要求水準が課せられています。そうした中、APUに関しては燃料電池への置き換えが計画されており、実機を活用した実証実験が行われています。主機関のジェットエンジンを電動モーターに置き換えてバッテリーから電力を供給する検討も進んでいますが、バッテリーのエネルギー密度が高くないため、現時点では、小型機はともかく、航空会社が運航している旅客機の規模（180人乗り以上）に導入することは難しい状況にあります。そこで、当面はハイブリッド（電動モーターとジェットエンジンの複合）の技術導入が先行する見通しです。

航空機産業における先行した取り組みの1つとして、欧州の航空会社であるエアバスは、さらにその先を見据え、2035年を目標に水素を燃料とする航空機の投入を掲げています。水素をジェットエンジンで燃焼させるか、燃料電池に供給して電力に変換して推進力を得る仕組みです。水素は、現行のジェット燃料よりも体積あたりのエネルギーの密度が低いため、タンクの場所は従来の主翼と異なる場所が模索されており、複数の形状が想定されています。水素の活用が可能になれば、ゼロエミッション機体が実現することになりますが、エアバスは水素そのものを航空機に搭載する他に、水素と$CO_2$から生成される合成燃料（化石燃料に非常に近い成分）の採用も検討しています。

航空輸送の$CO_2$排出は上空だけに留まりません。旅客が空港ターミナルに到着して、航空機に搭乗して離陸するまで、また着陸して降機するまでの一連の行程で考えていく必要があります。航空機の駐機・陸上移動には、空港インフラ側の支援を必要とします。例えば、プッシュバックによる後退は、主にディーゼルエンジンを搭載しているトーイングトラクターに牽引されますし、駐機中（航空機のエンジンが止まっている間）に必要な電力は地上側から供給されます。また、空港ターミナルビルの運営にも大量のエネルギーが消費されます。ただし、これらへの対策は技術的な解決策が見通されており、電気自動車や燃料電池車の導入や再生可能エネルギーによる発電の切り替えが進むことになります。

航空会社の機材更新は10年以上の間隔が普通であり、技術革新によりゼロエミッションの機体が開発されたとしても、普及や更新には長時間を要することになります。日本を含む先進国の航空会社は、新型コロナウイルスの影響を最小化するために燃費の悪い旧型機を大量に退役させていますが、現機材の機齢が新しいので、順次に技術開発の成果を取り込んだ新機材に置き換えが進むよりは、現状の機材構成が一定程度続くと思われます。

いずれにしても、ジェット燃料の代わりに水素を用いた旅客機の開発は、その挑戦が始まったばかりであり、２０５０年をターゲットとしたカーボンニュートラルを目指すなら、ＳＡＦなどの代替燃料の開発やエンジンの技術革新に頼るだけでなく、別の工夫が必要になります。すなわち、鉄道・航空・高速バスといった交通モード別の部分最適化を進めるのではなく、運輸業界としての全体最適をどのように推進するかが、業界及び政策的な課題となるでしょう。

　ここまで都市間輸送に言及してきましたが、地域内輸送に関する将来展望にも触れたいと思います。現行の地域内輸送は、都市の規模によって特徴が異なります。大都市の中心部は公共交通（主に電車）の利便性が高く、自家用車の保有比率が相対的に低いことが特徴です。そのため、内燃機関で運行されるバス等が電動車に置き換わることで、運輸の面でのカーボンニュートラルに向かうことになります。一方で、多くの地方部では、依然として自家用車が住民の足を担っています。自家用車のゼロエミッション対応が自動車メーカーの技術開発により漸次に進む一方で、エンジンと比べて高価になりやすいバッテリー価格が売値に転嫁されると、自家用車の所有負担は高くなることが懸念されます。他方、カーシェアのような共有財産に移る可能性に加え、昨今における若い人の免許取得率の低下も加味すると、公共交通への転換も期待されます。内燃機関から電動化へのシフトに加えて、このように1台あたりの輸送人数が増加すると、より環境負荷の低減に寄与できるでしょう。ただし、地方部の公共交通は赤字で一部の高収益路線や行政の補助金を頼みに運行されている場合が多いため、事業性の観点から課題が残ることには留意する必要があります。多くの人を一度に運ぶ事業モデルが成立するには、まちづくりから変革を進めて、人口を密集させるコンパクトシティ構想を実現することが前提になるでしょう。よって、地域内輸送においては、電動化車両への置き換えだけではカーボンニュートラルへの対応が不十分であり、CASEやMaaSと呼ばれる新しい交通サービスの取り組みと一体的に設計することが必要です。

## 運輸業界における事業機会

運輸業界は新型コロナウイルスの影響によりテレワークが浸透したことから、通勤や出張に伴う移動需要の減少とWeb会議への置き換えに直面しています。カーボンニュートラルへの対応で発生する追加負担が運賃に上乗せされると、さらに移動需要が縮小することも考えられます。一方で、人と人の対面コミュニケーションは、新しいアイディアを発想するきっかけとなり、共創によるイノベーションを促進することも期待されています。「そもそも移動しないこと自体がカーボンニュートラルの近道である」という論説もあるようですが、人の移動が生み出す価値は今後も魅力的であることは変わりません。だからこそ、交通モード別の個別最適に加えて、業界として連携した活動による全体最適を目指すことが重要になってくるのです。

以下では、まず個々の輸送事業者における新たな事業機会を紹介します。交通サービスの費用構造は、設備維持費と人件費の固定費が中心で、変動費として燃料費が加わります。これまでは、政府やエネルギー企業の努力によって燃料価格が安定して推移してきましたが、再生可能エネルギー起源の電力を外部から調達する場合は変動幅が大きくなる可能性があります。この対処を事業機会に活かしていくことが重要です。

■事業機会①：エネルギープロバイダーとしての地域ビジネス

●エンジンを搭載した車両（バスや気動車）の電動化に伴い、$CO_2$を排出しないクリーンな電力の確保が課題になります。大手の鉄道会社を除いて、多くの輸送事業者は石油卸や電力会社からエネルギーを外部調達しています。再生可能エネルギー起源の電力の発電コストは、量産効果と技術革新で低減が期待されますが、社会的な要請から各業界での導入比率が高まり、結果として価格推移が不透明になることが懸念されています。固定費が中心の事業構造に対して、経営の安定性を考慮すると、自らも電源開発に参入することが、新たな事業機会として考えられます。価格変動をヘッジするだけでなく、場合によっては不足時（売電価格が高い）に供給側に回ることも考えられます。

●輸送事業者は、運行地域の産業振興にも深く関わっており、地域開発や関係・交流人口の呼び込み等を担っています。沿線地域全体のカーボンニュートラルを後押しするために、専門的な知見や経験則を伝道師として広げていき、リーダーシップを発揮することも期待されます。

## ■事業機会②：モビリティデータを活用したデジタルプラットフォーム

●輸送サービスはサービス提供地域が広く、車両の稼働場所も刻々と変化するため、自らが排出した$CO_2$を回収することが難しいことが特徴です。空気中の$CO_2$を回収する技術に投資することも選択肢ではありますが、投資余力のある企業は大手のごく一部に限られるでしょう。

●そこで、エネルギー使用量そのものを抑制していくことが求められます。特に、新しい車両や機体の購入には多大の投資が必要になるため、運用の効率化（経路設計や非稼働時間の抑制）を合わせて進めていく必要があります。GPS等の位置情報や車載器・個人のスマートフォン等から取得可能なデータを活用し、柔軟なルート選定や需給ギャップの最小化を目指すソリューションの導入が想定されます。

- バッテリーの充電タイミングに、こうしたデータを活用することも可能になります。交通ネットワークの特徴や運行状況・位置情報と、時々の電力価格の兼ね合いを最適化することで、より賢い使い方を目指すソリューションの開発・運用も進むでしょう。

前述したように、個々の取り組みだけでカーボンニュートラルを実現することが難しいのが都市間輸送の特徴です。国内航空路線と新幹線は、多くの区間で競争環境にあり、それぞれが何十年も運賃制度やサービスに工夫を凝らしてシェア確保に努めてきました。このような激しい競争が繰り広げられている状況で、環境負荷の大小を重要視して交通モードを選択する消費者が大多数を占める社会に到達するには、しばらく時間を要すると考えられます。最後に、そうした最終的なカーボンニュートラルな社会に向けて、業界全体で世の中を啓蒙する中で期待される新たな事業機会についても触れたいと思います。

■事業機会③：交通モードをまたいだサービス提供と顧客基盤の収益化

- 例えば、航空会社のコードシェア制度を鉄道にまで拡大することが考えられます。従来のコードシェアは、特定航空会社が運航する航空便の座席を複数の航空会社が販売できる考え方ですが、これを応用し、航空会社がマイレージ制度によって囲い込んでいる消費者に鉄道の座席を販売することができれば、鉄道側はより多くの集客が見込まれ、航空会社は発券手数料を得られることになります。すでに全日本空輸ＡＮＡは、新型コロナウイルスによる旅客減に対応して、航空利用シーン外へ事業領域を拡大しており、街中でＡＮＡのキャッシュレスサービスを利用すると、マイレージ制度の上顧客ランクが付与される仕組みを導入しています。

●航空会社は、自社便の輸送旅客数を減らすことになりますが、その余剰を航空機が強みを発揮できる区間（島しょ路線や国際線）に注ぐことで価格競争を避けつつ経営の効率化が図られると思われます。特に、新型コロナウイルスの影響で大型機材を一斉に退役させた航空会社にとって、供給量の再配置は新たな経営課題です。

●最終的には、航空会社が航空機から環境負荷の低い鉄道に送客した部分の$CO_2$抑制量を可視化することができれば、航空輸送サービスで発生した$CO_2$をオフセットするシナリオもあり得るのではないでしょうか。

■事業機会④：全業界のイノベーションを支える輸送インフラとしての地位確立

- 運輸業界は、$CO_2$の排出をゼロにすることが困難な産業と言えます。一方で、他業界のイノベーションを支える産業でもあり、より高効率で環境負荷が低いプラント開発プロジェクトを支えたり、研究者の交流を促して研究開発を加速させる社会的インフラであるとも言えます。このように、他業界が推進するカーボンニュートラルを支える手段を拡充させることを支援できれば、運輸業界の発展にもつながると思われます。
- 例えば、運輸業界の営業部隊は、法人顧客に対して、利用実績に応じた格安運賃レートを提示しています。技術革新を推進する企業を認証する仕組みを導入して、当該企業を優遇することで、世の中のカーボンニュートラルを後押しすることが可能です。このような取り組みを広く周知して、世の中でブランドイメージを高めることで、移動そのものの印象を改善していくことが、安定的な輸送需要の維持や資本調達コストの節約につながるのではないでしょうか。

## 6　農業・食品

### 農業・食品業界に対するカーボンニュートラルの影響

農業・食品業界におけるカーボンニュートラルの影響を考察するにあたり、まずは農業・食品業界内のステークホルダーを整理したいと思います（図表3－20）。農業・食品業界は、現在も多段階の流通構造が残っており、サプライチェーンの川上から川下に至るまで、他業界と比べ関係者が多いことが特徴です。また、各ステークホルダーに着目してみても、中小規模の事業者が多いという特徴もあります。

次に、農業および食料品製造業の $CO_2$ 排出量をみると（図表3－21）、2019年ではそれぞれ1・1万kt $CO_2$、1・5万kt $CO_2$ となっています。産業分野全体では、2019年の総排出量が3・8万kt $CO_2$ となっており、内訳を見ると鉄鋼業の割合が圧倒的に高いことが特徴です（40・2％）。食料品製造業については、鉄鋼業、化学工業（13・9％）に次いで3番目の大きさ（4・2％）、また農業についても、輸送用機械器具製造業（4・15％）を挟み、全体では5番目（2・9％）の大きさです。

図表 3-20　農業・食品業界のステークホルダー

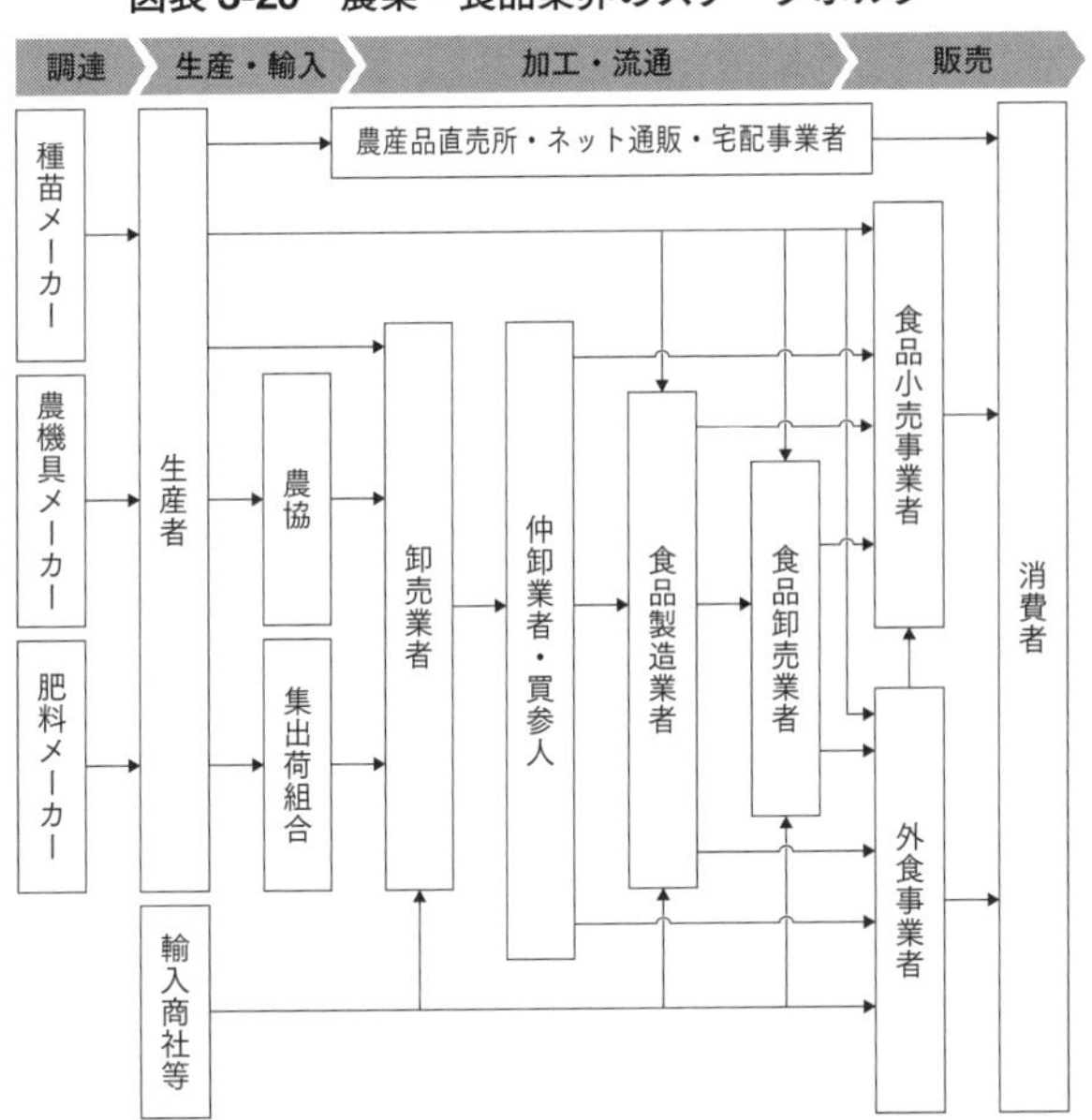


［出所］　野村総合研究所

図表 3-21　農業・食品業界の $CO_2$ 排出実態

| 部門 | $CO_2$排出量推移（単位：kt $CO_2$） | | | |
|---|---|---|---|---|
| | 1990年 | 2000年 | 2010年 | 2019年 |
| 農業 | 12,172 | 13,597 | 12,760 | 11,091 |
| 食料品製造業 | 10,682 | 14,333 | 16,452 | 15,954 |
| 参考）卸売業・小売業 | 14,748 | 19,162 | 41,664 | 38,792 |
| 参考）宿泊業・飲食サービス業 | 12,881 | 22,663 | 24,412 | 23,957 |

［出所］　国立研究開発法人国立環境研究所「温室効果ガスインベントリ」

以上、農業・食品業界に関する前提を踏まえた上で、業界内のステークホルダーをいくつかのグループに分け、カーボンニュートラルの影響を考察します。カーボンニュートラルの影響としては、新たな投資の獲得、企業イメージ向上、新規事業・サービス創出といった正の側面と、リソースが限定される中での情報開示・カーボンニュートラル化への圧力に対する対応の必要性、取引リスクの拡大といった負の側面が存在しますが、本節ではまず負の側面の整理を行います（図表3－22）。正の側面に関しては、カーボンニュートラルにおける事業機会として、次項にて先進事例の紹介と併せて整理しています。

農業・食品分野の「排出量」に関して、先ほどは$CO_2$のみを対象として整理を行いましたが、温室効果ガス全体を対象とすると、特に「農業」分野に関しては、様相が異なってくることに留意する必要があります。図表3－23、図表3－24には、それぞれ$CO_2$と共に主要な温室効果ガスであるメタン（$CH_4$）及び亜酸化窒素（$N_2O$）の2019年の分野別排出量を示していますが、農業分野が両物質共に最も大きな排出源となっています。$CH_4$に関しては農業分野の$CO_2$排出量の約2倍、$N_2O$に関しても$CO_2$よりやや少ない程度の影響を及ぼしていることが分かります。以上より、カーボンニュートラルより対象を広げ、広く「温室効果ガスの排出削減」を目指すという意味においては、農業に関しては「これらの

### 図表 3-22　ステークホルダー別の CN の影響（負の面）

| ステークホルダ | カーボンニュートラルの影響 |
|---|---|
| 種苗メーカー<br>農機具メーカー<br>肥料メーカー | ● 投資家や取引先等から、$CO_2$排出量等に関して算出・開示が求められる可能性がある<br>● 投資家や取引先等から排出量削減に向けた事業プロセス全体の脱炭素化への取り組み圧力が強まる可能性がある<br>● 上記情報開示、脱炭素化への取り組みへの圧力に対し、追加的な経営リソース（人員・資金等）を投入して対応しなければならない可能性がある<br>● 情報開示・脱炭素化の取り組みが十分でないと判断された場合、調達先・販売先から取引が停止・中止される可能性がある |
| 生産者<br>農協<br>集出荷組合 | ● 食品製造業者等取引先から、生産プロセスの脱炭素化（再生可能エネルギーの導入や農機具・肥料等使用資材の脱炭素化）への対応を求められる可能性がある |
| 輸入商社等<br>卸売業者<br>仲卸業者<br>買参人<br>食品卸売業者 | ● 投資家や取引先等から、調達先の生産・加工プロセスにおける$CO_2$排出量等の収集・管理、また開示が求められる可能性がある<br>● 上記情報開示、脱炭素化への取り組みへの圧力に対し、追加的な経営リソース（人員・資金等）を投入し対応しなければならない可能性がある<br>● 情報開示・脱炭素化の取り組みが十分でないと判断された場合、調達先・販売先から取引が停止・中止される可能性がある |
| 食品製造業者<br>食品小売事業者<br>外食事業者 | ● 投資家や取引先等から、$CO_2$排出量等に関して算出・開示が求められる可能性がある<br>● 投資家や取引先等から排出量削減に向けた事業プロセス全体の脱炭素化への取り組み圧力が強まる可能性がある<br>● 上記情報開示、脱炭素化への取り組みへの圧力に対し、追加的な経営リソース（人員・資金等）を投入して対応しなければならない可能性がある<br>● 情報開示・脱炭素化の取り組みが十分でないと判断された場合、調達先・販売先から取引が停止・中止される |
| 直売所・ネット通販・宅配事業者 | ● 消費者やその他取引先から、$CO_2$排出量等に関して算出・開示が求められる可能性がある<br>● 消費者やその他取引先から排出量削減に向けた事業プロセス全体の脱炭素化への取り組み圧力が強まる可能性がある<br>● 上記情報開示、脱炭素化への取り組みへの圧力に対し、追加的な経営リソース（人員・資金等）を投入して対応しなければならない可能性がある<br>● 情報開示・脱炭素化の取り組みが十分でないと判断された場合、消費者離れや取引先から取引が停止・中止となる可能性がある |

［出所］　野村総合研究所

## 図表 3-23　分野別のメタン（$CH_4$）排出量（$CO_2$ 換算）

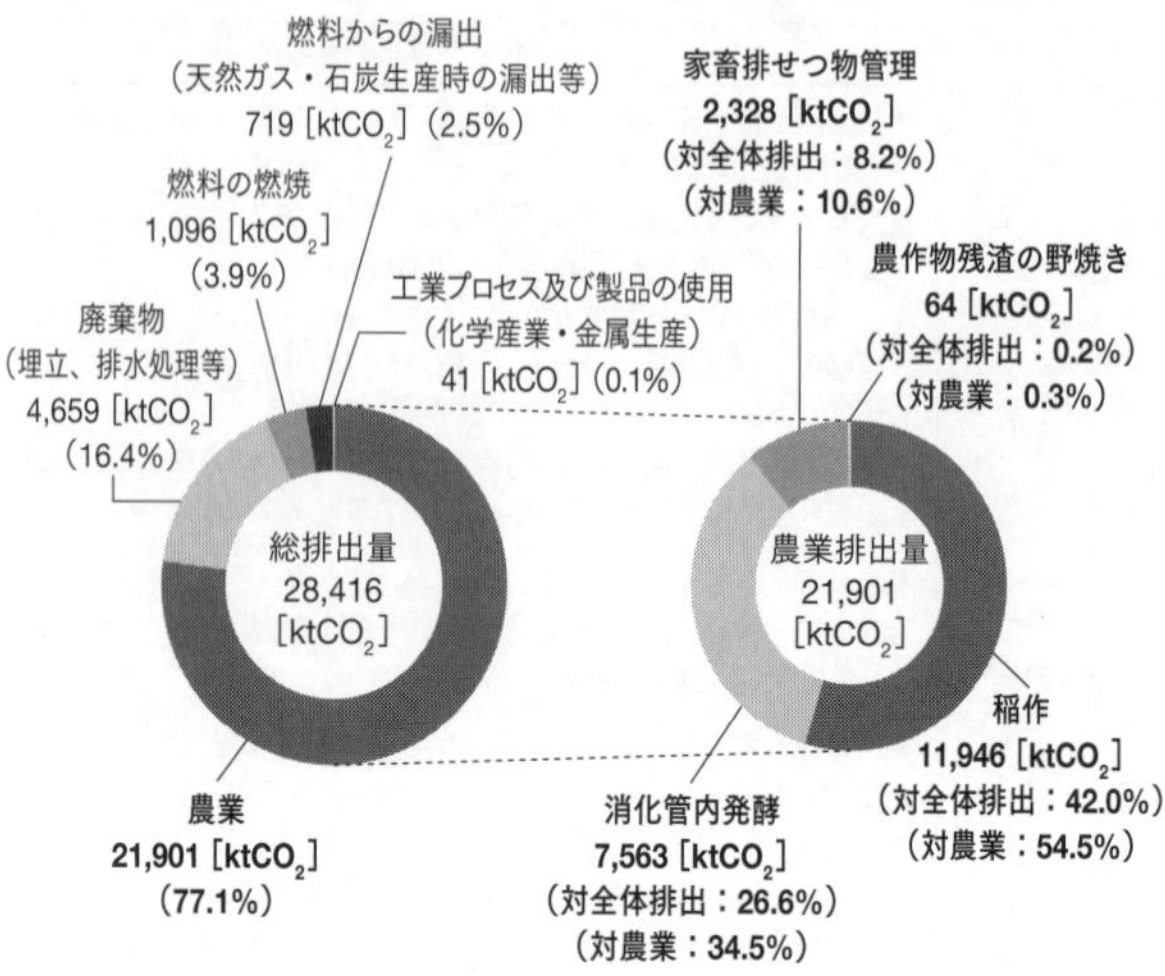


［出所］　国立研究開発法人国立環境研究所「温室効果ガスインベントリ」

## 図表 3-24　分野別亜酸化窒素（$N_2O$）排出量（$CO_2$ 換算）

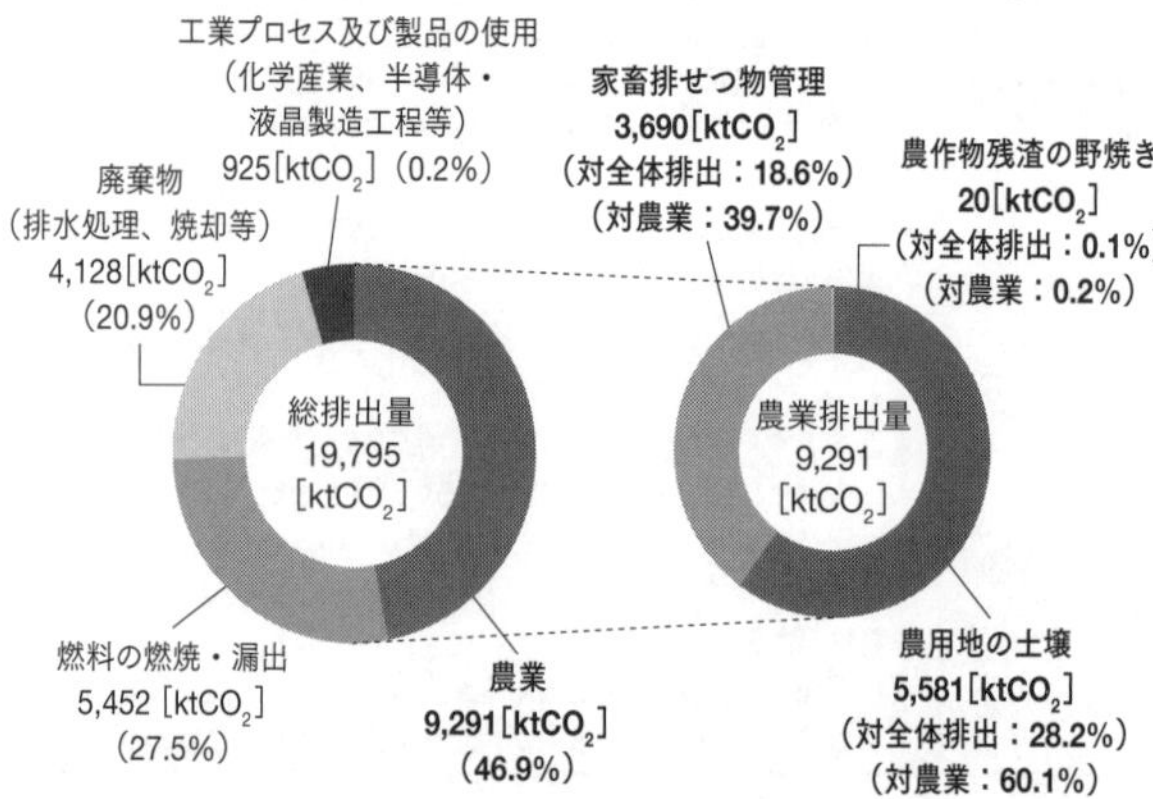


［出所］　国立研究開発法人国立環境研究所「温室効果ガスインベントリ」

温室効果ガス排出をいかに抑えていくのか」についても重要な論点となるのです。

## 農業・食品業界における事業機会

全世界・全業種的に広がるカーボンニュートラルに向けた動きを受けて、前項で述べたように農業・食品業界内のプレイヤーに対しても、情報開示圧力への対応やリスク対策の実施など、これまでにない新たな負荷が生じると考えられます。一方で、カーボンニュートラルの機運が高まることで、直接的／間接的に「カーボンニュートラル」に取り組みたいという事業者あるいは消費者のニーズの喚起・拡大が予想され、これらのニーズの実現に向けては、新たな事業機会（ビジネスチャンス）が存在すると考えられます。つまり、カーボンニュートラルにまつわる一連の動きは、プレイヤーにとって単に「対応せざるをえない厄介な潮流」であるだけではないのです。そして、この新たな事業機会（ビジネスチャンス）は当然、農業・食品業界においても存在します。すなわち、農業・食品業界の各プレイヤーが、自社の保有する経営資源（ヒト・モノ・カネ・ノウハウ含めた情報）を活用した商品・サービス、あるいは新規事業を創出することで、顧客の「カーボンニュートラル」ニーズを満たすことができれば、自社の売上向上等に繋げることも可能です。もちろん、この事業機会は業界内のプレイヤーに限った話ではないため、昨今は、農業・食品業界における事業機会に着目し、参入・取り組みを進めている他業種のプレイヤーも多く存在しています。

それでは、新たな事業機会獲得のために、各プレイヤーは農業・食品業界において何をすれば良いのでしょうか。事業者・消費者の「カーボンニュートラル」ニーズの具体的な実現方法としては、3つの方法が存在すると考えられます。以下では、次の①〜③に関し、農業・食品業界において先行して取り組みを行っている企業の事例を紹介します。

①顧客のカーボンニュートラル化に資する商品の開発・販売

②自社事業プロセスのカーボンニュートラル化、「カーボンニュートラル商品」の開発・販売、

③環境価値の創出・販売など新規事業・サービスの構築・提供

① 顧客のカーボンニュートラル化に資する商品の開発・販売

農業機械メーカーである株式会社クボタ（以下、「クボタ」と記載）は、農業生産段階におけるカーボンニュートラル化の実現を支援するため、水素トラクター及び電動トラクターの研究開発を推進しています。必要出力への対応や利用インフラ（充電設備）の整備、また

本質的にはトラクター自体の製造に係る$CO_2$排出削減など、乗り越えるべき課題はまだ多くありますが、これらの商品が実現した暁には、農業生産段階におけるカーボンニュートラル化の実現につながると考えられます。農業生産者としても、販売先からカーボンニュートラルへの対応が求められる可能性が高まっており、また2021年5月に農林水産省が「みどりの成長戦略」を発表し、農林水産分野における「2050年までのゼロエミッション化」を宣言し国としての農業の方向性が示されていますので、カーボンニュートラル実現を進める一助となるでしょう。

また、こうした活動はクボタ等農機具メーカー自身にとっても、カーボンニュートラル化において魅力的な商品を提供することで、他社との差別化に繋がると考えられます。同じく農機具メーカーの中では、井関農機株式会社が2022年より欧州において電動芝刈り機等の試験販売、2024年からは量産を予定しており、またヤンマーホールディングス株式会社はバイオマス発電の普及に力を入れています。その他、「顧客のカーボンニュートラル化に資する商品の開発・販売」の取り組みとして考えられる具体例としては、ICTを活用した施設栽培の効率化システムの開発や、前述のように温室効果ガスとして$CH_4$や$N_2O$まで対象とした場合、温室効果ガス発生を抑制した肥料の開発及び育成方法の確立などが挙げられます。

② 自社事業プロセスのカーボンニュートラル化、「カーボンニュートラル商品」の開発・販売

カプセル式コーヒーシステム「ネスプレッソ」を提供するネスレネスプレッソ（Nestlé Nespresso S.A.）は、事業活動に起因する二酸化炭素の排出量（スコープ1及び2）において、2017年より既にカーボンニュートラルを達成しています。そして2020年9月には、2022年までに家庭用および業務用の全事業において、スコープ3（後述）に関してもカーボンニュートラルを達成するとして、取り組みの強化を発表しました。以下に発表された取り組みの内容を紹介します。

■スコープ1．二酸化炭素排出量の削減

- 事業活動内での再生可能エネルギーの利用
- 循環型ネスプレッソ商品・パッケージの強化

■スコープ2．コーヒー農園とその周辺地域での植樹

- NGOパートナーと協働したコーヒー豆生産国（コロンビア・グアテマラ・エチオピ

ア・コスタリカなど）の植樹能力の向上

■スコープ3．森林保全と再生の支援（カーボンオフセットのための取り組み）

●森林保全・再生への支援

●農業コミュニティ内でのクリーンエネルギーソリューション実施に向けたプロジェクトへの投資

［出所］Nestlé Nespresso S.A.プレスリリースをもとに野村総合研究所作成

前述の通り、ネスレネスプレッソは自社内だけでなく、サプライチェーン全体を通してカーボンニュートラル化を進めており、これら活動の成果として、仮に目標通りスコープ3までのカーボンニュートラルが達成されることになれば、製造プロセスが調達元や配送先まで完全にカーボンニュートラル化された「カーボンニュートラル商品」の提供が可能となります。こうした活動や、その過程で生まれた商品は、事業者や一般消費者のカーボンニュートラルに関するニーズを充足するだけでなく、企業イメージの向上や、より持続可能なビジネスを希求する投資家に対するアピールにもつながるでしょう。

また、ネスレネスプレッソ以外にも、カゴメ株式会社（以下、「カゴメ」と記載）もまた同様の取り組みを行っています。カゴメはCSR活動の一環として「地球温暖化の緩和」に積極的に取り組んでおり、$CO_2$の中長期削減目標の設定や、スコープ1〜3の$CO_2$排出量の算定・公開を行っています。その一環として、太陽光発電の導入や工場におけるエネルギー使用量の削減、モーダルシフトや共同物流といった物流分野での取り組みなど、バリューチェーンにおいて幅広く$CO_2$削減、すなわち事業プロセスのカーボンニュートラル化に向けた活動を行っています（図表3－25）。

③　環境価値の創出・販売など新規事業・サービスの構築・提供

これまで先進事例を紹介してきた①②の取り組みに関しては、あくまで自社の既存事業内において、顧客のカーボンニュートラル化に資する商品の開発・販売を行う、あるいは自社プロセスのカーボンニュートラル化を行い、それに伴い「カーボンニュートラル商品」を開発・販売するというものでした。一方で農業・食品業界における事業機会としては、$CO_2$の排出削減量等の環境価値を創出し、それらを販売することで収益をあげるという取り組みも考えられます。ここでは、環境価値を活用した取り組みを進めている事例として、米マイクロソフト・ランドオレーク（Land O'Lake Inc.）及び日本のJ－クレジットの事例を紹介します。

**図表 3-25　$CO_2$ 削減に向けたカゴメの取り組み**

| VC上の機能 | 具体的な取り組み |
| --- | --- |
| 企画 | — |
| 調達 | ● 国内外の工場における太陽光発電設備の導入・再生可能エネルギーの活用 |
| 生産 | ● 国内工場におけるエネルギーの効率活用・省エネ設備の積極的な導入等を通じた、エネルギー使用量の削減<br>● 国内工場において、エネルギー使用上のムダ・ロスを削減するアイデアを広く従業員から募集する「省エネキャンペーン」の展開 |
| 物流 | ● 製品輸配送時における鉄道等より環境負荷の低い手段への切り替え（モーダルシフト）の実施<br>● 同一車両に複数社分の商品を積載し、配送を行う共同配送の実施 |
| 販売 | — |
| 経営管理 | ● 照明の間引き・執務スペースの空調温度調節等を通じた、オフィスにおける電力使用量の削減 |

［出所］ カゴメ株式会社ホームページ

米マイクロソフトは、2020年7月に、米国の農業協同組合で食品メーカーのランドオレークと戦略的提携を行い、農地で吸収・固定した$CO_2$削減量を把握、「土壌炭素クレジット（排出枠）」を発行し、排出枠取引市場に供給を行うという取り組みを発表しました。このプロジェクトの対象となる農地の大きさは約6000万haにもなり、前述のクレジットの発行と共に、農家に対しては、これらの農地において気象や土壌、作物の生育などに関するビッグデータ収集・分析を行い、農作業の効率化と$CO_2$の吸収・固定の拡大を両立できる情報を提供するといった取り組みです。また、排出枠に関しては、ブロックチェーン（分散型台帳）技術を活かしトークン（デジタル権利証）として排出枠の環境価値を担保するという仕組みも別途公表しています。

また、国内における環境価値の創出・販売に関しては、排出削減・吸収量の取引制度として、「J-クレジット制度」が存在し、制度内において既に多くの企業により環境価値の売買が実施されています。農業・食品分野においても、2020年3月末段階で、$CO_2$の吸収・削減プロジェクトがそれぞれ農業分野で7件、食品分野で25件登録されています。J-クレジット制度自体は、登録プロジェクト数や$CO_2$の認証・償却量等において、ヨーロッパ等、この分野における先進国と比較しまだまだ取引が活発に行われているとは言えません。現時点では未成熟な状況にあるようにみえますが、今後日本企業のカーボンニュートラルへの意識がさらに高まるとともに$CO_2$排出削減に関し現在よりもより強い圧力がかかるようになっていくと、それに伴い環境価値の取引市場も活性化し、プレイヤーにとっても事業機会も拡大すると考えられます。

## 7　街づくり・不動産

### 街づくり・不動産に対するカーボンニュートラルの影響

街づくりや不動産の領域では、オフィスビルを中心とした建物の環境性能の評価指標が、先行して発展してきました。現在では日本を含む世界各国で、様々な評価基準や認証制度がありますが、最も代表的なものは米国発のLEEDです。LEEDは、1996年にU.S. Green Building Councilによって開発された、グリーンビルの設計・構造・運用に関する評価基準であり、全世界でも使用可能なものとなっています。日本では、2001年に国土交通省の支援のもとでCASBEE（建築環境総合性能評価システム）が開発されました。LEEDやCASBEEは、総合的な環境性能を評価するものですが、他にも米国のENERGY STARや日本のBELSのように、エネルギー性能に特化して評価するものもあります。また、個別の建物ではなく、建物を開発や所有、運営するデベロッパー等の会社や機関投資家、ファンド単位での取り組みを評価するGRESBという制度もあります。GRESBは2009年に欧州の年金基金を中心に創設されたものですが、現在では日

図表3-26　世界の主な建物の環境認証制度

| 制度名 | 創設年 | 創設国 | 評価対象 |
|---|---|---|---|
| BREEAM | 1990年 | 英国（世界的に展開） | 個別建物の総合的な環境性能 |
| ENERGY STAR | 1992年 | 米国 | 個別建物のエネルギー性能 |
| LEED | 1996年 | 米国（世界的に展開） | 個別建物の総合的な環境性能 |
| CASBEE | 2001年 | 日本 | 個別建物の総合的な環境性能 |
| EPC | 2006年 | 英国 | 個別建物のエネルギー性能 |
| GRESB | 2009年 | 欧州（世界的に展開） | 組織（不動産会社や投資家等） |
| BELS | 2014年 | 日本 | 個別建物のエネルギー性能 |

［出所］ 環境省ホームページ等より野村総合研究所作成

本を含む世界各国の不動産プレイヤーが参画しています（図表3－26）。

このように、不動産や不動産プレイヤーに対する環境配慮の要請は、いち早く広まってきました。その背景の一つには、不動産がオルタナティブ投資商品として、すなわちトラディショナルな株式や債券に並ぶ投資対象アセットクラスとして、機関投資家から認識されてきた点があげられます。特に欧米の機関投資家や資産運用会社を中心に、不動産に対するESG投資方針を掲げており、例えばLEEDの認証取得を要件としていることも多くみられます。日本でも、GRESBへのJ－REITの参画が増えており、その評価項目であるCASBEE等の取得が活発化しています。実際に、不動産の環境配慮は、省エネや防災、建物利用者の快適性や健康促進といった社会課題の解決に貢献し得ることで、不動産価値や投資収益性の向上も期待されます。これらのことから、不動産における環境配慮は、不動産投資という文脈の中で発展を遂げてきたという側面が大きいと言えます。

一方、不動産を利用する企業や消費者の省エネ意識という観点では、省エネ法（エネルギーの使用の合理化等に関する法律）及び関連する法律によって事業者が規制されることにより、エネルギーを利用する企業、消費者も間接的に影響を受け、意識が徐々に高まっていったといえます。

それに加え、東日本大震災による原発事故、エネルギーの需給のひっ迫が企業、消費者の省エネ意識を大きく高めることとなりました。再生可能エネルギーの利用を促進する政策が推進されたことも影響し、建物（オフィス・住宅等）の省エネに対するニーズが高まっていきます（図表３－27）。

以上のように、今まで不動産業界における環境配慮は、建物・建造物単体に対して環境性能を高めることが中心であり、インパクトも大手事業者（デベロッパー、不動産ファンド、住宅メーカー等）に限定されるものでした（第一段階）。

図表 3-27　不動産業界に対するカーボンニュートラルの段階的インパクト

| | 第一段階（今まで） | 第二段階（現在） | 第三段階（将来） |
|---|---|---|---|
| 環境変化 | ●脱炭素に関する国際的な枠組み、原則の整備・進展<br>●建物に対する国際的な環境評価基準や認証制度の設定<br>●投資家（欧米機関投資家等）の投資方針変化、ESG投資<br>●東日本大震災を契機とした脱原発、再生可能エネルギーへの転換、省エネ意識の高まり | ●大手を中心とした企業に対する社会的責任遵守の要請<br>●新型コロナウイルス蔓延で加速したサステナビリティ経営の必要性の高まり<br>●サステナビリティ経営に対する投資家からの厳しい要求 | ●国、自治体、企業等に対する排出量目標の完全なる遵守、前倒し圧力<br>●一般消費者の環境意識の高まり、消費等の行動変容の加速化<br>●経済性を担保した上で企業の目標、脱炭素の暮らしを実現する技術の進展 |
| 不動産事業者へのインパクト | ●建物（オフィス等）を取得する際に、環境評価基準を満たすことが要件の一つになる<br>●建物（オフィス・住宅等）の省エネニーズが高まる | ●建物（オフィス）に入居するテナント企業の企業活動に伴う排出量削減のニーズが高まる | ●建物単体に留まらず、開発する街区一帯の建物の環境性能が求められる<br>●テナント企業、居住者、来街者の企業活動・生活・移動等の排出量削減、カーボンニュートラルが求められる |
| 対象範囲 | 建物 | 建物<br>建物に入居するテナント企業 | 開発する街区一帯の建物<br>テナント企業、就業者、居住者、来街者 |

［出所］　野村総合研究所

しかし直近では、建物・構造物単体のみならず、建物に入居するテナント企業の企業活動に伴う排出量削減のニーズが高まっており、次のステージに入ったといえます。背景として、新型コロナウイルス蔓延による企業業績への影響、株主等のステークホルダーからの社会的責任へのプレッシャーが強まったことによって、企業のサステナビリティ経営への取り組みが加速していることが挙げられます（第二段階）。

将来的には、国、自治体、企業等に対する排出量目標を完全に遵守する要請や、設定した目標を前倒しで達成する圧力が高まることが想定されます。また、一般消費者においては、環境に配慮した商品を選択して購入する動きが強まり、現在は一部の層に限られているZEH（Net Zero Energy House）等の環境に配慮した住宅を購入する層が主流になっていくものと思われます。さらに居住者、就業者、来街者等の不特定多数の活動、エネルギーの利用を把握、削減し、街区で排出量をコントロールする技術が進展していくことも予想されます。このような状況になれば、不動産事業者には、開発する街区一帯の建物の環境性能の担保、テナント企業、居住者、来街者の企業活動・生活・移動等の排出量削減が社会要請として求められるようになるでしょう（第三段階）。

このように、不動産業界に対するカーボンニュートラルの取り組みは、国際的な建物の環境評価基準や認証制度の設定、欧米の投資家の方針にけん引されて建物単体から始まり、大手企業への社会的要請から建物内のテナント企業へと影響範囲が拡大し、将来的には開発する街区一帯の建物、その街区内で活動するテナント企業、就業者、居住者の活動を含めたカーボンニュートラルが求められるようになっています。

## 街づくり・不動産における事業機会

それでは不動産業界としてカーボンニュートラルにどのように貢献していくのか、不動産事業者（デベロッパー、住宅メーカー等）にどのようなビジネスチャンスがあるかについて、事業の位置づけ、対象、事業機会について段階別（第一～第三段階）にみていきましょう（図表3－28）。

第一段階、既に事業機会として顕在化していますが、ZEHの販売やZEB（Net Zero Energy Building）の開発・賃貸が事業機会として挙げられます。今までは、大手不動産・住宅メーカーを中心に供給が限定されていますが、ZEHに関しては、「住宅については、2020年までに標準的な新築住宅で、2030年までに新築住宅の平均でZEHを実現

**図表 3-28　段階別の不動産事業者にとっての事業機会**

| | 事業の位置づけ | 対象 | 事業機会 |
|---|---|---|---|
| 第一段階 | ●投資家からの要求の具備<br>●環境意識の高い企業、一般消費者のニーズの充足 | ●投資家<br>●テナント企業<br>●一般消費者 | ●ZEH（Net Zero Energy House）の販売<br>●ZEB（Net Zero Energy Building）の開発・賃貸 |
| 第二段階 | ●テナント企業のサステナビリティ経営、RE100の達成の支援<br>●不動産仲介・賃貸管理の付加価値向上、差別化 | ●テナント企業 | ●テナント企業のESGやSDGs活動に貢献するサービス提供。代表例として、再生可能エネルギーの提供 |
| 第三段階 | ●街区内でのカーボンニュートラルを実現することによるエリア価値の向上、ベネフィットの獲得 | ●テナント企業<br>●就業者<br>●居住者<br>●来街者 | ●開発における都市政策的インセンティブをベースとした容積緩和や容積ボーナス等の獲得<br>●街区内での再生可能エネルギーの提供、交通サービス、物流サービス |

［出所］　野村総合研究所

することを目指す（エネルギー基本計画）」という政府目標があるため、今後さらなる普及に向けた対策が期待され、事業機会として広がることが想定されます。

第二段階は、建物に入居するテナント企業に対して、サービスを提供するという事業機会です。テナント企業のESGやSDGs活動に資する取り組みを提供することで、テナント企業の誘致やリテンションに繋げるという考え方です。

現時点では、再生可能エネルギー提供の取り組みが先行しています。例えばヒューリックは、自社の事業活動でのＲＥ１００の達成に留まらず、２０５０年までに自社の全ての保有ビルに入居するテナント企業に対し再生可能エネルギーの提供を目指しています。現在はまだテナント企業から再生可能エネルギーを使用したいとの要望は少ないとのことですが、今後のＲＥ１００参加企業の増加等を見越して、テナントニーズの増加やひいては競合との差別化要因になると見込んでいるようです。さらには、供給量を確保するために、発電から自社で手掛ける目標で、２０５０年までに非ＦＩＴ太陽光発電（固定買取制度の対象となっていない太陽光発電）と小水力発電所を約１０００億円かけて開発したり取得する計画もあります。

三井不動産は、東京電力エナジーパートナーとの提携により、自社が保有または賃貸するオフィスのテナント企業に対して、ＲＥ１００に適合する電力を供給するというサービスの構築を目指すことを２０２０年12月に発表しました。三井不動産と東電エナジーパートナーが電気需給契約を締結するオフィスビルや商業施設を対象に、卒ＦＩＴ住宅用太陽光発電

（固定買取期間が満了した太陽光発電）起源の環境価値が付いた電力を提供するものです。RE100に対応した電力を提供することで、テナント企業のニーズに対応することができます。このように、世界的なカーボンニュートラルの潮流は、不動産業界の差別化や競争要因を変えつつあるのです。

さらに、将来的な第三段階としては、テナントの利用者、すなわち就業者や来街者といった個々人を対象にするという事業機会の方向性が考えられます。個々人の行動や活動は、テナントや建物の内部に留まらず、テナントや建物間、すなわち街区全体が範囲となります。この考えは、現在各地で開発や検討が進められている、スマートシティのコンセプトとも通ずるものです。スマートシティは、かつては省エネやエネルギー効率化という事業者目線での取り組みが主流でしたが、現在のスマートシティは、街区単位や利用者目線で課題を捉え直し、その解消を通じて利用者への価値提供を実現するという、より広義なものとなりつつあります。

カーボンニュートラルの観点からすると、例えば街区内の移動や交通、物流といった点が注目されます。消費者の環境配慮の意識は、現在は、商品や消費財といったレベルに留まりますが、将来的には、例えば移動や交通においても環境配慮された街区というものが、居住者や来街者に選ばれるという時代が来るかもしれません。また、消費者個々人に対するサービスアイディアとしては、カーボンニュートラルに資する行動や活動に応じたポイントの付与や、エネルギー効率を最適化する働き方の提案（テレワークやワーケーションを組み合わせ、エネルギー効率化のためにはいつどこで働くのが最も適しているかを提案する）などが考えられます。

そして、このようなサービスを提供するにあたっては、個人単位での行動や活動の把握、すなわち情報やデータの収集が欠かせません。個人情報の取得の仕方や管理の方法には十分に注意や配慮がなされるべきですが、個人単位や街区全体での行動や活動の最適化を進めたり、個々人に対してより適切なサービスを展開するにあたっては、そのことを前提にしつつ、個々人の移動や嗜好等に関するデータの利活用が求められます。

最後に、前述のような第三段階の事業機会の創出や促進には、事業者による主体的な動きのみならず、都市政策的な後押しが必要と考えられます。街区の環境配慮に対する消費者意識が未成熟な現状では、不動産デベロッパー等による街区の自発的なカーボンニュートラル化は進め難いのが実情です。そこで、国家戦略特区等との連携による、容積緩和や容積ボーナスといったインセンティブがその促進の契機となり得ると考えられます。国家目標としてカーボンニュートラルが掲げられる中、不動産的観点からはそのような政策が期待されます。

## 8　エネルギー（石油、ガス含む）

### エネルギー業界に対するカーボンニュートラルの影響

第1章でも紹介したように$CO_2$排出のほとんどはエネルギー起源ですので、燃料や電力を供給し、その利用に関わるサービスをも提供するエネルギー業界は、カーボンニュートラルに向けた変革の中核を担うことになります。従来の化石エネルギーから非化石エネルギーへの転換が進む過程で、エネルギー業界が受ける影響は、これまで述べてきた各業界と比較しても特に大きいでしょう。ここでは、エネルギー業界の中でも、石油・ガス関連事業者、電力事業者について触れていきます。

石油・ガス関連事業者には、石油・天然ガスの上流開発を行う会社や石油製品・ガスの販売を行う石油会社・ガス会社等が存在しますが、これらのいずれの事業者も、カーボンニュートラル化に向けて、事業内容の大幅な転換を求められています。

まず、エネルギーの消費者である各企業や個人が、カーボンニュートラルに向けて、省エネルギーを推進し、石油製品・ガスから電力への燃料転換を行うこと、およびその電力自体が化石燃料起源ではなく再生可能エネルギー起源となっていくことから、石油製品・ガス等の燃料需要は、長期的には、減少していくことが見込まれています。そのため、石油・ガス関連事業者は、燃料需要減の穴を埋めるために、新たな事業に取り組むことが急務となっています。既に石油・ガス関連事業者は再生可能エネルギーの開発・運営や、その他発電、電力小売、および分散電源関連の事業などに積極的に取り組み、事業ポートフォリオの転換を図っています。

また、カーボンニュートラルが達成される世界においても、現在の石油・ガス等の化石燃料需要のすべてを再生可能エネルギー起源の電力に置き換えることは現実的ではなく、熱需要や製造プロセス上のニーズがある産業部門や運輸部門、発電部門の一部等においては、水素やアンモニア、バイオマス、合成燃料等の燃料需要に置き換わることが想定されます。従って、石油・ガス関連事業者は、今後も燃料供給事業を行っていくためには、これらの新たな燃料に関する製造・流通・小売等の事業に対応していくことが求められます。

一方、今後、カーボンニュートラルへの移行過程においては、天然ガスの有効利用が重要となります。再生可能エネルギーの大量導入や、グリーン水素・アンモニア（再生可能エネルギー起源の水素・アンモニア）等の普及にはコストや技術・インフラなどの制約から一定の時間がかかるため、比較的低コストでかつ技術・インフラが整う天然ガスの利用が、短中期的な低炭素化を進めるためのカギとなります。具体的には、石油や石炭から天然ガスへの燃料転換による排出原単位の削減や、コージェネレーションや燃料電池等の天然ガスを用いた高効率機器による消費量削減を通じた排出量削減貢献などが想定されます。このため、石油・ガス関連事業者には、天然ガスのシフト、利用高度化等に対応していくことが求められます。

以上、石油・ガス関連事業者は、カーボンニュートラル達成時には、想定される従来の化石燃料の大幅な需要減、および水素・アンモニアなどの新たな燃料需要への対応が、そしてカーボンニュートラル達成に向けたトランジションでは、天然ガスのシフト・高度利用等のニーズに対応していくことが求められています。

これまで見てきたように、カーボンニュートラルにおいて、〝電源の脱炭素化〟と、〝需要の電化〟は、非常に重要な役割を占めており、電力事業者は、これらの変化への対応を求められます。現在、国内の電気事業では、主に、発電事業、電力小売事業、送配電事業という事業種があり、それぞれにプレイヤーが存在します。これらそれぞれの事業においては、発電設備の転換、分散電源やEV等の新たな需要等に関するニーズへの対応、およびネットワーク（送配電網）の強化・高度運用等を求められることとなります。

まず、発電事業においては、太陽光発電・風力発電を中心とした再生可能エネルギーのさらなる普及拡大と、それに伴う石油・石炭発電の減少が想定されます。国際エネルギー機関（IEA）が発行するWorld Energy Outlook 2021によると、世界の発電電力量のうち再生可能エネルギーの比率は、2020年断面で28％となっています（火力発電は61％）。2050年時点については複数のシナリオが想定されていますが、現在公表されている政策が実現される前提のシナリオでは、再生可能エネルギーの比率は71％まで高まるとされており（火力発電は20％）、再生可能エネルギーと火力発電の割合は逆転する見通しです。ネットゼロが実現されるシナリオでは88％が再エネとなり、火力発電は僅か2％になります。2050年時点では、そこまで至らないかもしれませんが、いずれネットゼロが実現される世界に至ると、電力の構成は現在と大きく変わることになります。

電力小売事業においては、まず、需要家（電力ユーザー）の再生可能エネルギーに対するニーズに応えるためのサービス・ソリューションを提供することが求められます。具体的には、再生可能エネルギーを利用したい需要家に対して、小売事業者としては、需要家が求めるグリーン電力メニューを提供したり、太陽光発電等を需要家の施設に導入したりするサービスが求められるようになります。また、需要家が保有する太陽光発電等の再生可能エネルギーを、より有効に運用するために、蓄電池を導入し、太陽光・蓄電池の一体的な運用を行うようなサービスも求められるようになることが想定されます。さらに、今後は、様々な分野において、エネルギー需要の電化が進んでいくことが想定されますので、これらの新たな電力需要に対する供給を行うことも電力小売事業者には求められます。特に、今後普及が進む電気自動車に対する電力供給に対応していくことは重要な課題となります。電力小売事業者としては、そのインフラづくりへの関与や電気自動車への給電を前提とした電力メニューやサービスの開発などが求められています。

送配電事業者においては、発電と需要の変化に応じたネットワーク（送配電網）の強化や運用の高度化が求められます。電力システムでは、常に発電量と需要量が同水準に保たれること（同時同量という）が必要であるため、安定的な電力システムの運用を維持しながら、太陽光発電や風力発電のような自然条件等によって発電量が大きく変動し、かつ地域的にも偏在性が生じやすい電源を大量に導入することは容易ではないのです。したがって、送配電事業者は、カーボンニュートラルに向けて再生可能エネルギーの大量導入を実現するために重要な役割を担っているといえます。この課題に対して、政府の検討会では、電力ネットワークが取り組むべき事項として、①電力系統の増強（地域間連系線の増設、地域内系統の増強等）、②既存系統の有効活用（より柔軟な再エネの接続ルール・運用の導入等）、③利用ルールの見直し（市場主導型の運用ルールへの移行等）、④系統情報の公開・開示の高度化（再エネ運用に関わる情報のオープン化等）等が掲げられました（「総合エネルギー調査会省エネルギー・新エネルギー分科会／電力・ガス事業分科会再生可能エネルギー大量導入・次世代電力ネットワーク小委員会（第33回）、2021年6月3日）。これらの事項については、それぞれ検討が進められていますが、デジタルトランスフォーメーションの取り組みを進める次世代投資など、今後の電力ネットワーク政策のあり方について議論が進められています。このように、送配電事業においては、国民の負担へとつながるコストを抑えながら、再生可能エネルギーの最大限の導入を実現するために、種々の対策が求められています。

## エネルギー業界における事業機会

上述の通り、エネルギー業界は、カーボンニュートラルの中核となる業界であり、様々な面で大きな影響を受け、変革を求められます。それだけに、エネルギー業界においては、求められる変化をうまく捉えることにより、既存のプレイヤーが事業を拡大したり、新たなプレイヤーが参画したりすることを支援したり、連携して事業を推進する機会が増えてくると想定されます。

一例として、まず、ガス事業に関する事業機会についてみてみましょう。ガスは燃焼の際に$CO_2$を排出しますので、脱炭素への対応としては、水素への転換がひとつの手段になります。水素については第2章でも解説していますが、水素とガス事業には親和性があります。

例えば、ガス事業者が、海外からの輸入水素の受け入れ、需要家への水素の供給、およびその発電・燃料電池等の利活用に至るまで水素サプライチェーンの構築に主体的に関与していくことが考えられます。また、水素をメタネーションによりメタンに変換し、既存のガスシステムを介して都市部や地域内でカーボンニュートラルメタンを供給していく構想も検討されています。これらはいずれも、都市ガス事業者が現在保有するインフラや事業ノウハウなどに関わる事業であり、既存の事業基盤を活かして獲得できる可能性がある事業機会といえます。換言すれば、都市ガス事業者は、保有する都市ガス導管網やLNG受け入れ基地等の既存のインフラ、これらを開発・導入・運用してきた事業ノウハウ、および機器メーカーなどと連携しながら、ユーザーに対してガスの消費機器の活用を促進してきた事業ノウハウなどを活かすことで、カーボンニュートラル社会において必要とされうる水素やカーボンニュートラルメタン供給において、重要な位置を占めることができる可能性があるということです。

こういったカーボンニュートラル社会に向けた都市ガス事業者の動きは、国内においても既に顕在化してきています。そのうちの一つに、カーボンニュートラルガス（カーボンニュートラルLNG）の調達・提供が挙げられます。カーボンニュートラルガスとは、天然ガスの採掘、輸送、製造、燃焼のそれぞれの工程で発生する$CO_2$を$CO_2$クレジットで相殺したものであり、これを利用するユーザーは、ガスの消費による$CO_2$排出を実質ゼロにすることができます。国内においては東京ガスが初めて、2019年6月にカーボンニュートラルガス（LNG）の調達を行い、2020年3月に顧客への供給を開始しました。この動きを皮切りに、複数の大手都市ガス事業者が、同様のサービスを発表・開始をしています。このような、顧客の脱炭素ニーズに働きかけ、顧客へのさらなる付加価値の提供や他社への差別化を図るような動きは、今後様々な形で進むものと想定されます。

次いで、電気事業に関する事業機会について考えてみましょう。伝統的に、電気事業は大規模な発電所でつくられた電力が顧客に供給されるものであり、かつ電力が品質等による差異が生じにくい典型的なコモディティ商材であったことから、電気事業はコスト／価格以外の要素での差別化が難しい事業と言えます。しかし、昨今は、カーボンニュートラルの実現に向けて、価格のみではなく環境負荷・$CO_2$排出といった新たなファクターが重要視されるようになってきています。また、太陽光発電や蓄電池などの分散電源の導入が進んできていることで、画一的なサービスではなく、顧客ごとの状況に合わせたエネルギーサービスの提供などが重要になってきています。これからの電気事業においては、需要家の脱炭素ニーズや分散リソースへのニーズ等を取り込み、顧客のエネルギー関連の包括的なパートナーとなることで、競争優位を獲得しうるチャンスがあると考えられます。

このような動きをいち早く察知して動いている事業者の例として、フランスの大手事業者

Engieが挙げられます。世界各国で電気・ガス事業に取り組むEngieは、2019年2月に需要家重視経営にシフトすることをうたった戦略を打ち出しました。これによると、これからのエネルギー事業は、大企業や自治体などの需要家が主導する市場となり、これらの需要家のニーズに応じて分散電源・脱炭素などのソリューションを、デジタル技術を活用して提供していくべきとしています。これまでのエネルギー事業が、中央政府が政策を決め、それに応じて各プレイヤーが戦略を練り、事業を展開するものであったことを考えると、大きな変革と言えるでしょう。実際に、Engieは、この認識に基づいて、数多くの分散電源やデジタル関連の技術・事業への出資・投資を行い、需要家向けのサービスを拡充させています。

その典型例の一つが、Engie Impactという事業の立ち上げです。Engie Impactは、顧客のサステナビリティ・トランスフォーメーション支援を行うことを目的として2019年7月に立ち上げられ、企業や地域自治体等を対象として脱炭素化等のサステナビリティに関する戦略構築、実行支援等のサービスを提供しています。顧客網は、Fortune500企業の4分の1、その他も含めるとクライアントは1000社を超えるといわれています。同社のソリューションの一つに、Energy & Sustainability Management Platformというものがありますが、これは、顧客企業内の種々の情報を収集し、$CO_2$をはじめ、水・廃棄物等の環境負荷に関する分析・レポーティングを行うソリューションです。Engieは、このソリューションを通じて、顧客の排出量管理業務自体をサポートすると共に、排出削減に向けたさらなるソリューションの提案などに繋げていくのではないかと考えられます。

以上のように、今後の電気事業においては、カーボンニュートラルの実現に向けて、多様化・複雑化してくる顧客のニーズを捉えて、それを満たすサービスを提供していくことが、新たな事業機会・競争優位の獲得において重要になります。なお、このことは、電気事業に限った話ではなく、前述のガス事業も含めて、エネルギー事業に関わる全てのプレイヤーについて言えることです。今後は、エネルギー業界全体として、企業・政府・個人すべての対象に対して、個々のニーズ・特性を踏まえ、それぞれの脱炭素化を推進するためのサービス・ソリューションを提供していくことが期待されます。

第4章

# カーボンニュートラルの実現に向けた課題と対策

## 1　企業におけるカーボンニュートラルの検討テーマ

### 企業の事業活動に関わるステークホルダーとカーボンニュートラルの関係

これまでに説明してきたように、カーボンニュートラルへの移行は、多くの企業の事業に影響を与えます。

企業を取り巻くステークホルダーによって、カーボンニュートラルの意味合いは異なるため、企業はそれぞれのステークホルダーへの対応を求められることになります。例えば、投資家や金融機関に対しては、ＥＳＧ投資や融資のために、排出量や気候変動対策の実施状況について情報を開示していくことが求められています。政府・規制官庁に対しては、法令に基づき排出量の報告等へ対応していくだけでなく、実効性のある制度やルールメイクのため業界としてのロビイングも重要になります。また、事業に関わる排出量全体の削減を進める上で、エネルギーの調達を再生可能エネルギーに切り替えるだけでなく、サプライヤーや物流会社、委託先の間でのモノやサービスの取引を低排出なものにシフトさせていくべく、働きかけをしていく必要があります。このように企業のカーボンニュートラルでは全方位的な対応が求められるため、各ステークホルダーの動向や環境変化を把握しながら、うまく連携していくことが課題です（図表４－１）。

**企業におけるカーボンニュートラルの検討テーマ**

企業として、カーボンニュートラルへの対応を進めていく上で、検討しなければならない領域は、広範にわたります。経営レベル、事業レベル、オペレーションレベルの階層ごとに、主な検討テーマについて解説し、検討の際の論点を例示します。

〈経営レベルの検討テーマ〉

経営レベルでは、「①ビジョン・コミットメント」、「②グループ戦略・事業ポートフォリオ」、「③ガバナンス」、「④ファイナンス」、「⑤ロビイング」、「⑥エンゲージメント」の６つの視点での検討テーマが想定されます（図表４－２）。

「①ビジョン・コミットメント」の視点では、長期的なビジョンの中で、カーボンニュートラルをどのように位置づけるか、企業が目指す姿と紐付けて整理します。

目指す姿や目標を設定する上では、将来の事業環境を想定する必要がありますが、例えば

図表 4-1　企業を取り巻くステークホルダーとカーボンニュートラルの関係

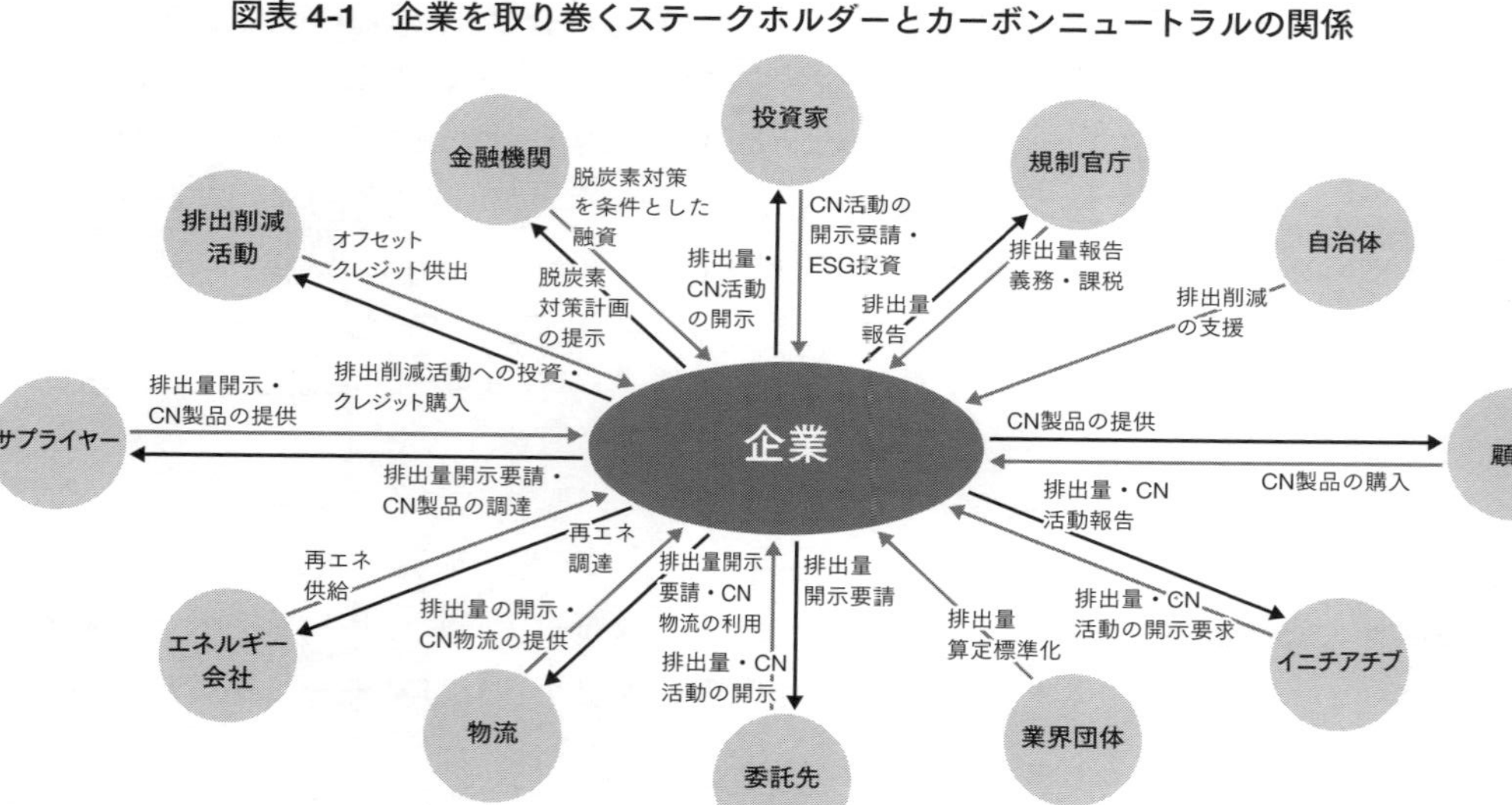


※CN：カーボンニュートラル

［出所］　野村総合研究所

図表4-2　経営レベルのカーボンニュートラルの検討テーマ

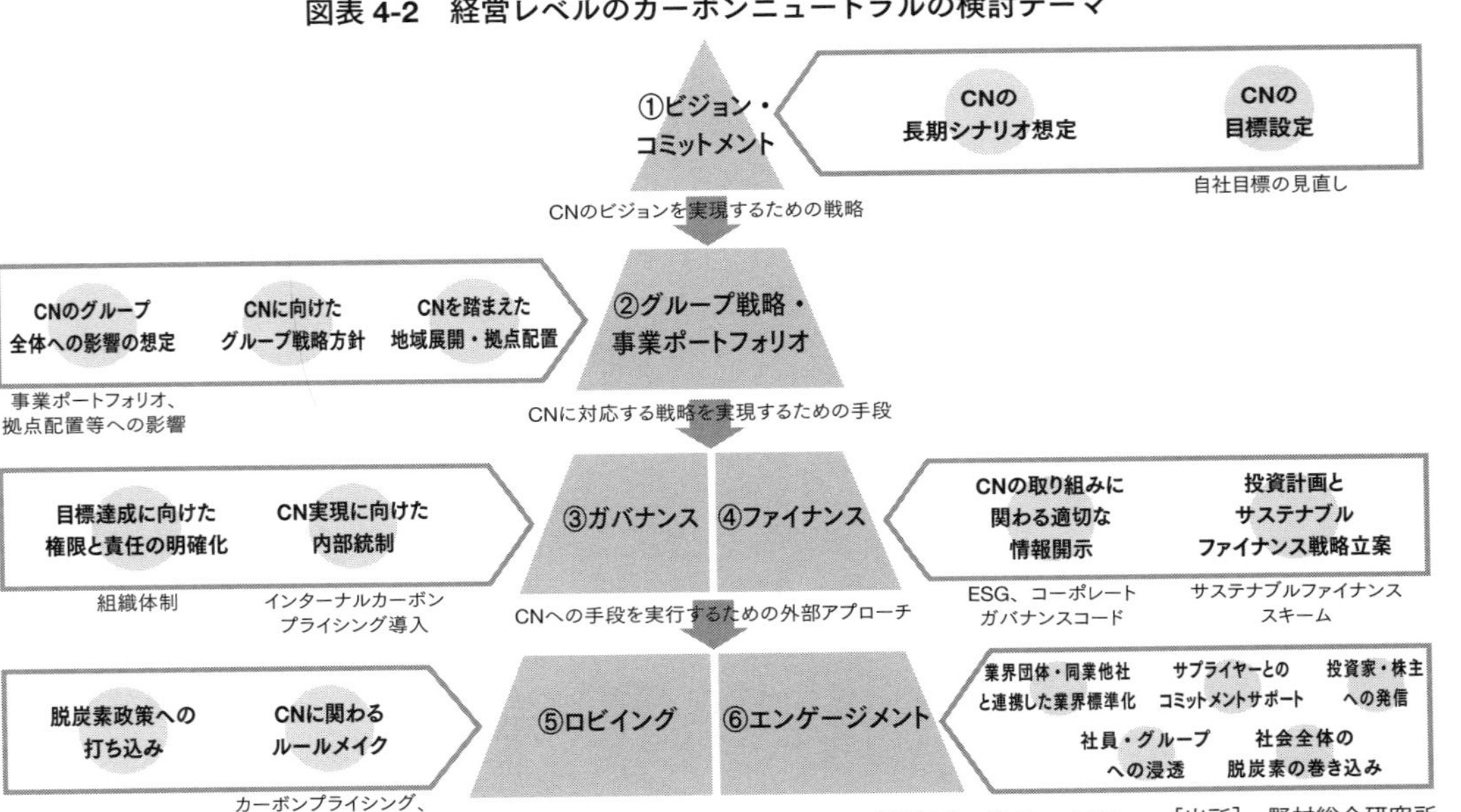


※CN：カーボンニュートラル

［出所］野村総合研究所

2050年にカーボンニュートラルがどのような形で実現されるか、様々なシナリオが考えられ、現時点で世界的に公認されたシナリオは存在していません。従って、企業としては、様々な機関が公表しているシナリオを参照する、または自社でシナリオプランニングをして、確度が高いと考えられる妥当なシナリオを想定していくことになります。

**【「ビジョン・コミットメント」の検討における論点例】**

■カーボンニュートラルの長期シナリオ想定

- 2050年にカーボンニュートラルはグローバルでどこまで実現されるか？ 2030年断面ではどの程度まで進展しているか？
- カーボンニュートラルは、世界全体または特定の地域で、どのようなエネルギーミックス、技術の組み合わせによって実現されるか？
- カーボンニュートラルのシナリオによって、どのような環境・社会の変化が想定されるか？

■カーボンニュートラルの目標設定

- 業界をリードする踏み込んだ攻めの目標を設定するか？ 他社に劣後しない必要最低限の守りの目標を設定するか？

●長期目標の達成に向けて、目標を現実的にする具体的な小目標の設定や取り組みを加速させる中期目標の設定の余地はないか？

「②グループ戦略・事業ポートフォリオ」の視点では、カーボンニュートラルへのシフトが企業グループ全体へ与える影響を整理し、カーボンニュートラルの世界に向けたグループの戦略方針を検討します。カーボンニュートラルの影響としては、政策による規制・制度、脱炭素技術の普及やコスト、社会的な要請・ニーズなどの変化が事業ポートフォリオに与えるプラス面（機会）とマイナス面（脅威）について考察します。特に、グローバル企業にとっては、各国の政策や脱炭素インフラの整備の状況が異なることから、炭素価格や国境炭素調整施策、再エネ価格等の状況を踏まえて、最適な地域展開や拠点の配置を検討していくことになります。カーボンニュートラルの影響が主力事業に大きく関係する企業においては、事業ポートフォリオを大きく転換していくことが求められますので、想定される事業領域を棚卸し、事業領域のポテンシャルや成長性などの視点で評価を行い、今後注力すべき事業領域の優先度を整理し、自社グループが関与するポジションを明確にしていきます。

**【「グループ戦略・事業ポートフォリオ」の検討における論点例】**

■カーボンニュートラルのグループ全体への影響の想定

- 各拠点の地域での排出規制やカーボンプライシング等の制度の厳格化によって、どのようなリスクが想定されるか？　事業の収益にどの程度のインパクトがあるか？
- 既存事業は、どこまで脱炭素シフトに対応できるか？
- カーボンニュートラルの進展に伴い生じる新たな事業機会として、どのような機会が想定されるか？

■カーボンニュートラルに向けたグループ戦略方針

- カーボンニュートラルが進展する将来におけるリスクや機会を踏まえて、どのような事業ポートフォリオへ移行していくか？
- カーボンニュートラルの目標に対して、各事業においてどのような方法、ステップ、時間軸で排出削減していくか？
- グループ全体として排出の除去やオフセットをどう組み合わせるか？
- 資源循環や生物多様性など、他の社会課題への対応と矛盾しない方針となっているか？

■カーボンニュートラルを踏まえた地域展開・拠点の配置

- 各拠点の地域において、再エネの普及・価格など脱炭素の取り組みが可能な環境・インフラが整備される見通しはあるか？
- 脱炭素のコストも踏まえて、サプライチェーン全体をどのように変えていくか？

「③ガバナンス」の視点では、カーボンニュートラルの目標達成に向けて、どのような組織体制で施策を推進するか、組織の権限と責任を明確化します。カーボンニュートラルを実現していくためには、多くの場合事業レベルやオペレーションレベルの変更を伴いますので事業部門との連携が不可欠です。コーポレート部門にＣＳＲやサステナビリティの担当部署を設置している企業は多くありますが、事業部門を巻き込みながら施策を推進していくためには従来よりも強い権限や責任を持たせることも考慮する必要があるかもしれません。新たに部門横断の環境技術チームを設置し、各部門と連携させるといった対応も選択肢として考えられます。カーボンニュートラルの実現に向けた内部統制としては、カーボンニュートラルの推進を企業グループ全体で、どのようなＫＰＩを設定し、管理していくかといったマネジメント方法についても検討の対象になります。具体的な方法のひとつとしてインターナルカーボンプライシングの導入の是非や適用する手法についても検討します。

**【「ガバナンス」の検討における論点例】**

■目標達成に向けた権限と責任の明確化

- カーボンニュートラルの施策をどのような組織体制で推進するか?
- カーボンニュートラルを推進する組織にどのような権限・責任を付与するか?

■カーボンニュートラル実現に向けた内部統制

- カーボンニュートラルの進捗をどのようなKPIを設定し管理していくか?
- インターナルカーボンプライシングの要否は? 導入する場合には、どのような手法が適切か?

「ファイナンス」の視点では、自社の気候変動対策の適切な情報開示や環境施策の実行に伴う投資や資金調達方法について検討します。情報開示については、TCFD等のイニシアチブへの対応に加えて、投資家が重視するESG評価機関の評価や格付けを向上させることが検討課題のひとつになります。ターゲットとする評価機関の指数の組み入れに対して、評価の傾向を分析し、どのような情報を開示していく必要があるかを検討し、改善の打ち手を考えていきます。投資・資金調達については、カーボンニュートラルに向けたグループ戦略を進める上で、各断面でどの程度の資金が必要となるか、中長期的な時間軸での投資計画を具体化し、サステナブルファイナンスのスキームの活用について検討します。グリーン／サステナビリティボンドに加え、サステナビリティ・リンク・ボンドといった新たなスキームも含めて、活用できる選択肢を検討していくことになります。

**【「ファイナンス」の検討における論点例】**

■カーボンニュートラルの取り組みに関わる適切な情報開示

- TCFD等の対応として、気候変動関連のリスク、機会の財務インパクトについて、どのように開示していくか？
- ESG評価機関の指数の組み入れに対し、どのような情報を開示していくか？　格付けの改善に向けた打ち手は考えられるか？

■投資計画とサステナブルファイナンス戦略立案

- 目標の達成に向けて長期での投資計画をどのように設定するか？
- 資金調達方法として、サステナブルファイナンススキームを活用できるか？
- カーボンプライシングが導入された場合の財務インパクトはどの程度か？

「⑤ロビイング」の視点では、カーボンプライシング等の制度や政策支援について、企業や業界の代表として、どのようなメッセージを発信していくべきかを検討します。脱炭素に関わる規制・制度は、ビジネスの視点から企業や業界にとって影響が大きいため、業界の実情に即して規制緩和や支援を求めることも必要になりますが、社会課題であるカーボンニュートラルの推進に対して保守的な姿勢として捉えられる可能性もありますので、対外的な打ち出し方については特に配慮が必要です。また、脱炭素関連のルール・仕組みは欧州が先行していますが、日本企業が牽引している業界では、日本企業が主導して脱炭素に関わる業界標準や規格をつくっていくという可能性も考えられます。

**【「ロビイング」の検討における論点例】**

■脱炭素政策への打ち込み

- 自社や業界として、カーボンニュートラルの実現性を高めるために、脱炭素政策に対して、どのようなスタンス・メッセージを出すことが効果的か？
- 各地域での現地生産へ移行した場合、各政府に対してどのような条件交渉を行うか？

■カーボンニュートラルに関わるルールメイク
- 特に欧米で進むルールメイクにどのように関与し、どのようなメッセージを発信していくか？
- 業界の標準化・規格化の可能性はないか？

「⑥エンゲージメント」に関しては、カーボンニュートラルの視点で、様々なステークホルダーとの関係の中で、それぞれ対応について検討します。投資家・株主に対しては、気候変動への取り組みについて開示していくことになりますが、企業価値を高めるためには、業界をリードする先進性をアピールしていくことが必要となります。図表1－5でみたスコープ3の排出量の算定においては、業界の特性に適した考え方をしていくべきですので、業界団体や同業他社とも連携して、業界の共通的なルールやガイドラインをつくっていくことも必要です。また、スコープ3の排出量を削減するためには、サプライヤーやパートナーに対して排出削減を求めていかなければなりません。社外の様々なステークホルダーへの対応のみならず、脱炭素の取り組みを進めていく上では、自社の社員やグループ企業への浸透を図ることも検討していかなくてはなりません。その他、業界や自社に閉じず、社会全体とのエンゲージメントも必要となります。例えば、他業界の企業と連携して脱炭素の活動を推進していくことも考えられます。

**【「エンゲージメント」の検討における論点例】**

■投資家・株主への発信

●自社の取り組みに対する投資家・株主の理解を深めるため、どのような説明が必要か？

●自社の先進性を伝える上で、どのような発信の方法が有効か？

■業界団体・同業他社と連携した業界標準化

●排出量の公平な評価のため、スコープ3の各カテゴリの算定方法の詳細について、業界で共通のルールを定めるか？（排出量算定式の統一化、算定の根拠となる排出係数等のデータの出所・取得方法等の統一化など）

●共通のルールを定める場合、どの範囲までを標準化するか？

■サプライヤー・パートナーとのコミットメント・サポート

●サプライヤーに対して、再エネ利用や排出削減等の目標設定などのコミットを求めるか？　調達の要件として、カーボンニュートラルに関わる条件を設定するか？

●コミットを求める場合、どのような支援を提供していく必要があるか？（ナレッジ共有、排出量管理基盤等）

■社員・グループへの浸透

●社会課題としてのカーボンニュートラルや資源循環と自社グループの方針に対する社員の理解を、どのように深めていくか？

■社会全体の脱炭素への巻き込み

●カーボンニュートラルの実現に向けた共通の課題認識を持つ企業との協力体制を業界横断でいかに構築するか？（業界横断での企業間の連携の仕方等）

●エネルギーの排出原単位の地域格差により生じる不利な環境の実情、それに対するロビイングをどう展開していくか？（ネガティブキャンペーンに捉えられるリスクも考慮）特に、国内のエネルギー業界、政策に対し、どう働きかけていくか？

〈事業レベルの検討テーマ〉

事業レベルでは、「①製品・サービス」、「②ビジネスモデル」、「③技術開発」の3つの視点でカーボンニュートラルの影響を踏まえて、事業へ落とし込んでいきます（図表4－3）。

図表 4-3　事業レベルのカーボンニュートラルの検討テーマ

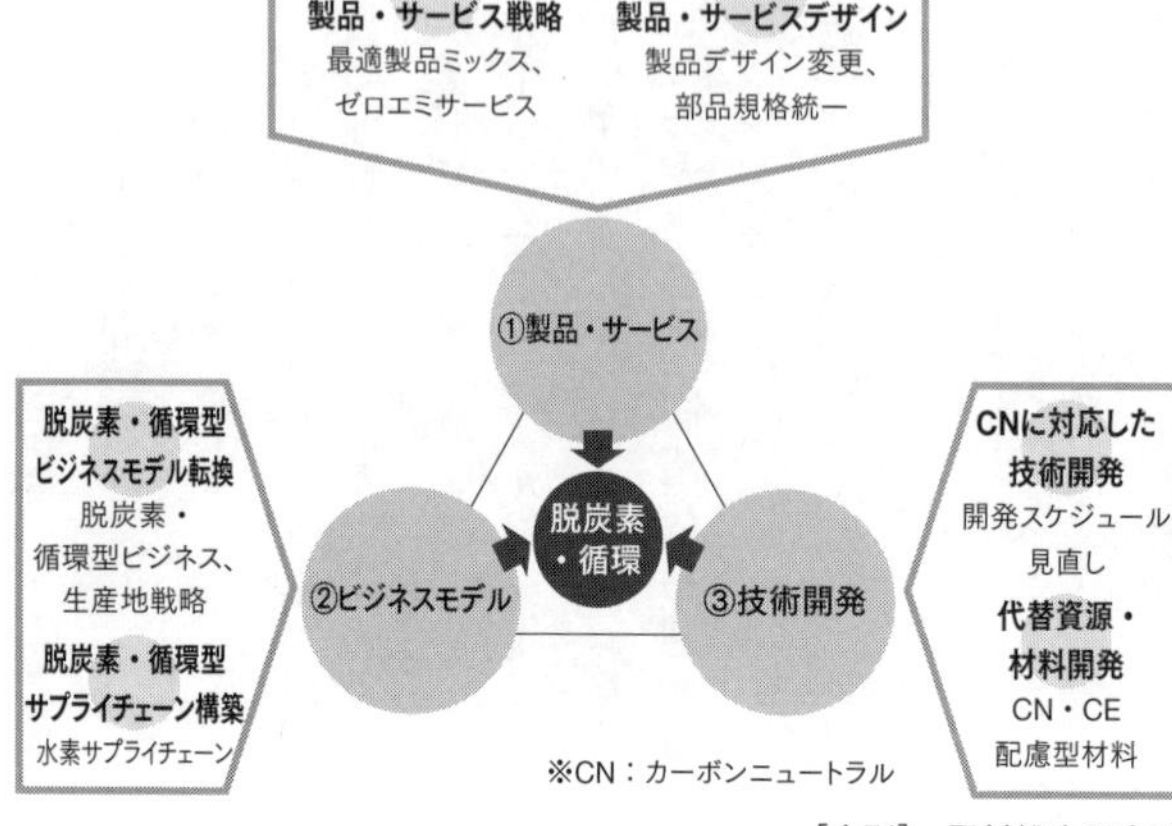


［出所］　野村総合研究所

「①製品・サービス」の視点では、自社が提供する製品・サービスをどのように低排出にしていくか検討します。最低限の対応として、排出規制に沿ったものにしていくことが必要ですが、自動車などのように製品・サービスによっては自社のラインナップを大きく変更することを迫られる可能性もあります。ライフサイクル全体の排出を削減していくためには、資源循環を前提として製品の設計やサービスモデルを根本的に変えていくことも選択肢になります。また、そうした対応を推進する上で、業界で規格を統一する等の協調も検討の余地があります。

**【「製品・サービス」の検討における論点例】**

■カーボンニュートラルに対応した製品・サービス戦略

- 各地域・国における規制を考慮するだけでなく、電源ミックスを鑑みたカーボンLCAを吟味した場合、どのように製品ポートフォリオを変更すべきか？
- カーボンニュートラルの実現に向けて、エンドユーザーをどのようにして巻き込んでいくか？（エンドユーザーのマインドをどう啓蒙し、ライフスタイルを変えていくか？）
- カーボンニュートラルによるコストアップを、製品・サービスの中でどのように織り込んでいくか？

■脱炭素・循環型の製品・サービスデザイン

- 循環性のため長期間使用（リサイクル・リユース）を前提にした製品設計は考えられるか？
- サーキュラーエコノミー型のサービス（サブスク・レンタル・リース等）を前提とした製品づくりは考えられるか？
- 循環性を高めるために、業界内での特定の部品等に対する規格統一の可能性は考えら

れるか？（競争部分と協調部分を、どのように切り分けるか）

「②ビジネスモデル」の視点では、どのように脱炭素・循環型のビジネスモデルへ転換していくか検討します。ここでは、オペレーションレベルの排出削減ではなく、その前提となるビジネスそのものを脱炭素の視点で根本から見直します。例えば、メーカーであれば、従来の製造・売切りのビジネスではなく、製品のライフサイクル全体を管理する完全循環型のビジネスやリユースやリファブリッシュ主体のビジネスなどへの転換が考えられます。特に、排出削減によりコストアップとなる分を、どのように回収していくか、エンドユーザーまで巻き込んだ収益モデルの構築が必要となります。

**【「ビジネスモデル」の検討における論点例】**

■脱炭素・循環型のビジネスモデルへの転換

- 脱炭素やサーキュラーエコノミーを促進するビジネスモデルとして、どのようなモデルが考えられるか？
- ビジネスモデルの転換によるバランスシート等への財務インパクトはどの程度か？
- カーボンニュートラル対応に伴うコストをどのように回収するか？

■脱炭素・循環型サプライチェーン構築
- サプライヤーやパートナーの排出削減をどのように推進させるか？
- コストやBCPのみではなく、輸送を含め電源ミックスを鑑みたカーボンニュートラル達成を考慮した最適な生産地域戦略は？

「③技術開発」の視点では、カーボンニュートラルを推進していく上で、中長期的に取り組んでいくべき研究開発テーマを検討します。エネルギーの需給構造自体が、製造、輸送・貯蔵、利用の各段階でそれぞれ複数の選択肢があるため、今後どの選択肢がメインストリームになっていくのかの見極めが必要となります。注力する研究開発テーマを設定する上では、自社の事業との親和性も考慮するべきです。

**【「技術開発」の検討における論点例】**

■カーボンニュートラルに対応した技術開発
- 脱炭素シフトに伴い主流になっていく技術は何か？　脱炭素のシナリオに対して、どの領域の研究開発にフォーカスしていくか？
- 事業と親和性のある脱炭素技術はあるか？

■代替資源・材料開発

●炭素発生量の小さな軽量化材料や循環性の高い材料を誰とどのように開発していくか？

〈オペレーションレベルの検討テーマ〉

オペレーションレベルでは、「①排出量管理」、「②排出活動の削減」、「③排出原単位の削減」、「④排出の除去」、「⑤排出のオフセット」の5つの視点での検討テーマが想定されます（図表4－4）。

「①排出量管理」の視点では、国やイニシアチブ、投資家など外部への報告のためだけであれば、必ずしも高度な排出量管理は必要ありません。ただし、自社やサプライチェーンの排出削減を推進していく上で、排出削減活動による効果が見える水準で排出量を管理していくことが必要です。特にサプライチェーンの排出量の算定を精緻化するためには、算定に必要な情報をサプライヤーから提供してもらう必要があるため、そうした仕組みをどのようにつくっていくかが課題となります。

**図表 4-4　オペレーションレベルのカーボンニュートラルの検討テーマ**

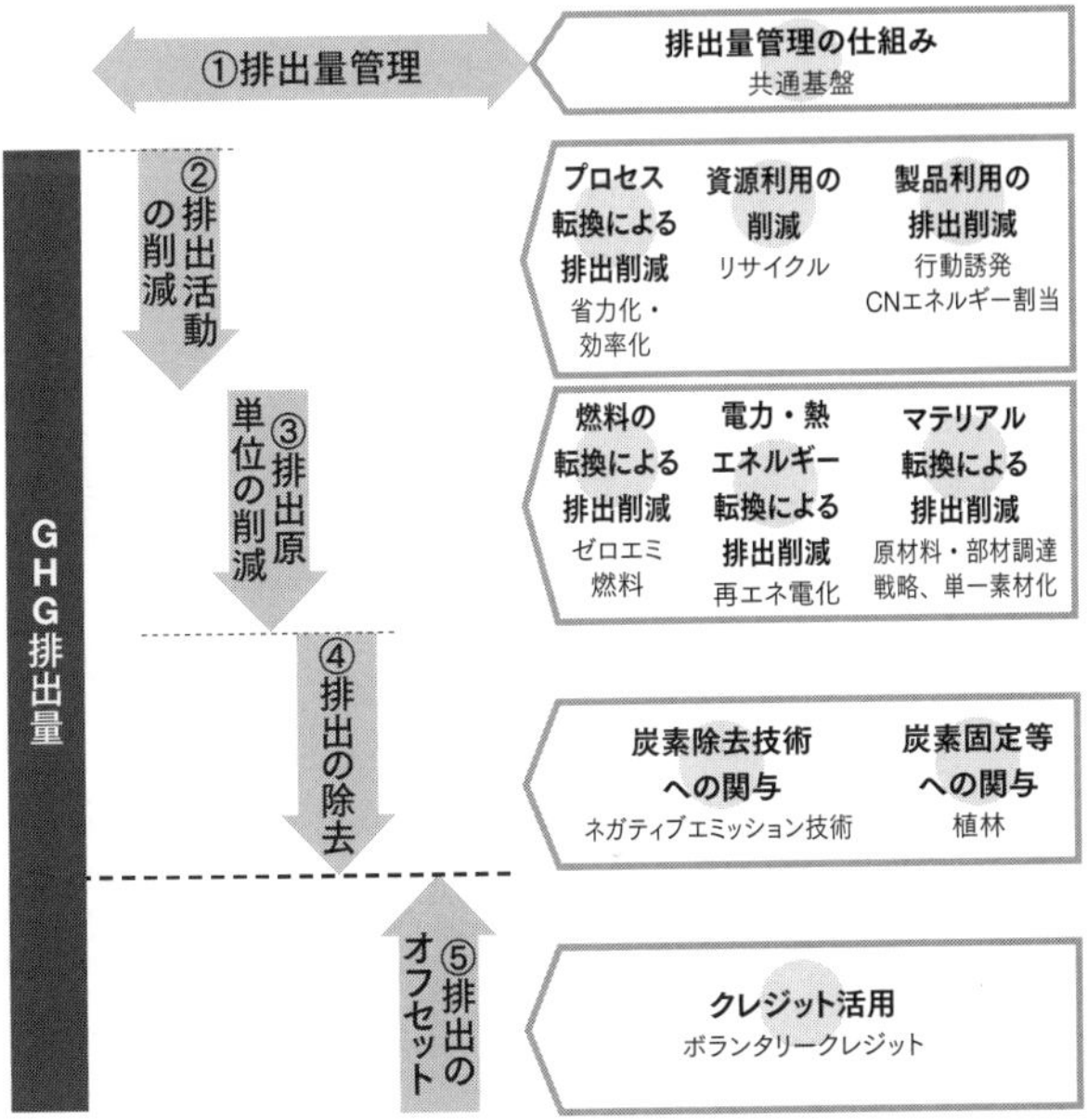

GHG排出量

①排出量管理 ― 排出量管理の仕組み（共通基盤）

②排出活動の削減 ― プロセス転換による排出削減（省力化・効率化）／資源利用の削減（リサイクル）／製品利用の排出削減（行動誘発、CNエネルギー割当）

③排出原単位の削減 ― 燃料の転換による排出削減（ゼロエミ燃料）／電力・熱エネルギー転換による排出削減（再エネ電化）／マテリアル転換による排出削減（原材料・部材調達戦略、単一素材化）

④排出の除去 ― 炭素除去技術への関与（ネガティブエミッション技術）／炭素固定等への関与（植林）

⑤排出のオフセット ― クレジット活用（ボランタリークレジット）

［出所］　野村総合研究所

**【「排出量管理」の検討における論点例】**

■排出量管理の仕組みづくり

●サプライチェーン全体の排出量を、グローバルでどのように管理していくか？

●サプライヤーと共通の排出量管理基盤が必要か。必要な場合どのように基盤を構築していくか？

「②排出活動の削減」の視

点では、まず「排出活動の削減」に繋がるエネルギーや資源の消費量の削減について検討します。排出活動の削減は、まずは省エネをいかに進めるかが論点になりますが、多くの場合は既に省エネへの取り組みは進められているため、生産や業務のプロセスを抜本的に見直すといったことが考えられます。そのためには、製品設計まで遡って、プロセスを最小化する製品設計の変更までも検討の対象になります。排出削減の活動は、エネルギーだけでなく、投入する資源量を削減するという視点もあります。資源量を削減する一般的な打ち手としては、リサイクル、リユース等により資源を循環させることで新たな資源の投入を抑制することが考えられます。そのためには、資源を循環させることを前提とした素材・材料の設計や動脈（製造）と静脈（リサイクル）を繋ぐ情報連携の仕組みをいかに構築していくかがポイントになります。

排出削減の中でも特に課題となるのは、エンドユーザーによる製品利用時の排出削減です。製品自体のエネルギー消費効率を上げることはもちろん、省エネルギーに繋がるような行動にエンドユーザーを促すような行動誘発型の仕掛けをサービスに組み込んでいく余地についても検討テーマになります。また、エンドユーザーのエネルギー消費を正確に把握することができれば、その対象にカーボンフリーのエネルギーを割り当てる、またはオフセットすることで、カーボンフリーの製品・サービスの提供に繋がります。

**【「排出活動の削減」の検討における論点例】**

■プロセス転換による排出削減

- 生産プロセス等において、さらなる省力化、効率化の余地はあるか？
- プロセスそのものの、抜本的な転換の可能性は考えられるか？
- 生産プロセスにおける電力消費の削減や、工場におけるカーボンキャプチャー技術の開発など、生産プロセスにおける脱炭素化に資する技術開発テーマをどのように棚卸しし、注力テーマを選定していくか？

■資源利用の削減

- 脱炭素や循環性を考慮した部材への要求仕様の考え方を変更すべきか？（品質要求から機能要求への変更、添加材の最小化など）
- 静脈側をシンプルにするため、一部の素材に対して、単一素材化や万能な素材（循環し続ける材料）への転換の可能性はあるか？
- リサイクルを促進するため、素材情報、設計情報を静脈側に提供していくことは可能か。機密性とのトレードオフを踏まえて、どのような情報を提供していくか？

■製品利用の排出削減

●製品・サービスのエネルギー消費を削減する余地はあるか？

●どのようにカーボンニュートラルエネルギーを割り当てるか？（充電に対する再エネの割り当て、燃料消費に対するオフセットの割り当てなど）

「③排出原単位の削減」の視点では、排出量の起源となるエネルギーを低排出な原単位のものに切り替えることが主な検討対象になります。具体的には自社で使用する燃料の転換と他社から購入する電力・熱エネルギーの転換の2つのテーマがあります。燃料の転換については、燃料を消費するプロセスを電化し、再生可能な電力を利用するという対応と、$CO_2$を排出しない燃料に切り替えるという対応について検討します。全てを電化することはできませんので、水素などの燃料への転換は課題になりますが、経済的、技術的な視点で導入の可否を見極めていく必要があります。

電力・熱エネルギーの転換については、再生可能エネルギーを調達するスキームが様々ある中で、経済性や持続性などを考慮し、最適な調達の組み合わせを考えていかなければなりません。もうひとつ、排出削減の視点として、マテリアルの転換も考えられます。消費する資源自体を低排出な原単位のものに切り替えることについて検討します。多くの場合、代替できる低排出な材料の選択肢は少ないため、選択肢をつくっていくことから考えていきます。

**【「排出原単位の削減」の検討における論点例】**

■燃料の転換による排出削減

- 化石燃料を使用するプロセス等において、どこまでが再エネ電化（電化転換＋再エネ電力利用）に対応可能か？
- 化石燃料を使用するプロセス等において、どこまで燃焼時に排出量がゼロとなるゼロエミッション燃料（水素、アンモニア等）の使用に対応可能か？
- 技術的・経済的視点を踏まえて、２０５０年までの各時間断面で、どのようなオプションが選択し得るか？
- ゼロエミッション燃料の起源（グリーン、ブルー、グレー等）として、どこまでを使用するか？
- 技術的・経済的視点および流通の視点を踏まえて、２０５０年までの各時間断面で、どのようなオプションが選択し得るか？

■電力・熱エネルギーの転換による排出削減

●地域の再エネの調達環境（関連制度、流通量・ポテンシャル、価格等）に応じて、それぞれどのような調達スキームのオプション（自家発電、再エネ発電所開発、コーポレートPPA、再エネメニュー購入等）が想定されるか？

●各地域における長期的・持続的かつ経済的な再エネ調達のため、再エネ調達スキームをどのように組み合わせるのが最適か？

●サプライヤーの再エネ利用を促進するため、サプライヤーの再エネ調達を支援する調達スキームは考えられるか？

■マテリアル転換による排出削減

●軽量化を目的とした鉄代替材料の中で、炭素発生量の大きな材料を見直す必要性はあるか？

●特に排出削減の課題がある鉄等の素材のカーボンニュートラル化において、協力できる部分はあるか？　協力により加速できる余地はあるのか？

●コストやBCPのみではなく、カーボンニュートラル達成を考慮すると調達先をどのように変更すべきか？（例えば電力使用量の多いバッテリー等は再エネ比率の高い地

域で生産されたものを調達するなど）

- カーボンニュートラル化の進展に伴い、特定の貴金属など調達できなくなるなどのリスクはあるか？

「④排出の除去」の視点では、発電や製造プロセスでの排出が大きい企業においては、CCSやCCUが選択肢になります。副生物の$CO_2$を回収する技術は確立しつつありますが、$CO_2$の貯蔵や再利用についてはコスト面や技術面でも課題がありますので中長期的に実現性を見極めていくことになると想定されます。

その他には、植林など土地利用の吸収も考えられます。GHGプロトコルでは、土地利用による$CO_2$除去の効果を評価する方向で検討がされていますので、今後国際的なイニシアチブの報告において、保有する森林等の排出除去を算定できる可能性があります。

**【「排出の除去」の検討における論点例】**

■炭素固定への関与

- 炭素の固定を目指す植林・森林保護の活動に対して、どのように貢献していくか？（バイオマス原料を含めた食糧問題への関わり方も考慮）

■炭素除去技術への関与

- DAC（Direct Air Capture）、BECCS（Bioenergy with Carbon Capture and Storage）などのネガティブエミッション技術に対して、どのように関わっていくか？（主体的な開発への投資、基金の設立、クレジットの購入等）
- 積極的に関与すべきネガティブエミッション技術は何か？

「⑤排出のオフセット」の視点では、カーボンニュートラルの実現に向けて、現実的な打ち手のひとつになると考えられます。今後拡大が見込まれているボランタリークレジットの活用の可能性が検討テーマのひとつになります。クレジットの活用については、クレジットの種類が様々ありますので、単純なオフセットの目的だけでなく、DAC、BECCS等の開発促進の効果やAFOLU（Agriculture, Forestry, and Other Land Use）分野での貢献をどう考えるかといった視点もあります。

**【「排出のオフセット」の検討における論点例】**

■クレジット活用

- ボランタリークレジットを、どのように活用していくか？　どのクレジットを調達するか？

- TSVCM（Taskforce on Scaling Voluntary Carbon Markets）などボランタリークレジット取引の新たなルールメイクに、どう関わっていくか？

## 2　カーボンニュートラルの実現に向けて

### 守りと攻めのカーボンニュートラル対応

これまで述べてきたように、企業にとってカーボンニュートラルへのシフトは、経営からオペレーションに至るまで様々な対応が求められます。ただし、長期的な見通しが定かでない中で、企業として、どこまで積極的にこのテーマに対応していくか、判断は難しいところです。カーボンニュートラルへの対応について、守りの対応と攻めの対応に分けて解説します（図表4－5）。

〈守りのカーボンニュートラル対応〉

守りのカーボンニュートラル対応は、社会の脱炭素シフトに対して、将来のリスクを低減

**図表 4-5　守りと攻めのカーボンニュートラルの対応**

| | 攻めのカーボンニュートラル | 守りのカーボンニュートラル |
|---|---|---|
| 事業内領域 | ●脱炭素起点での事業機会創出、シェア拡大<br>↓<br>**●脱炭素型ポートフォリオへの転換**<br>**●ポテンシャル市場での脱炭素製品・ソリューションの展開**<br>**●$CO_2$排出関連ルールの作成** | ●企業価値の維持・向上<br>●カーボンプライシングの負担の抑制<br>●規制の遵守・強化への対応<br>↓<br>**●自社$CO_2$排出活動の目標設定・開示**<br>**●自社$CO_2$排出量の削減** |
| 事業外領域 | ●脱炭素イノベーションの創出<br>↓<br>**●脱炭素技術への投資・開発** | ●環境面でのCSR対応、企業ブランド向上<br>↓<br>**●気候変動対策への啓蒙**<br>**●森林保護・再エネ開発** |
| | 脱炭素シフトにより将来の財務パフォーマンスを向上 | 脱炭素シフトにより将来のリスクを低減 |

［出所］　野村総合研究所

することが目的です。

事業内の領域では、規制対応はもちろん、企業価値の維持・向上が該当します。また、カーボンプライシングが導入された場合には、その負担を軽減していくことも対象になります。それらの実現には、自社の排出活動の目標を設定すると共に、取り組みの状況について開示していくことが必要です。加えて、自社の排出量を削減しカーボンニュートラルに近づけていきます。

事業外の領域では、環境面でのいわゆるCSR対応が該当します。また、昨今ではCSRよりも踏み込んで、環境保護に対して積極的に取り組んでいる企業であることをイメージ付け、企業ブランドを向上していくことも求められています。企業ブランド向上まで繋げるには、対外的に積極的にPRしていくことになります。企業一般の消費者の気候変動に対する関心は、普段の生活の中では十分に意識されている状況ではありませんので、消費者も含めて気候変動対策を意識していけるように啓蒙を行っていくことが必要です。森林保護や再生可能エネルギーの開発などに主体的に関与していくことが考えられます。

〈攻めのカーボンニュートラル対応〉

攻めのカーボンニュートラル対応は、社会の脱炭素シフトに対して、将来の財務パフォーマンスを向上させることが目的です。

事業内の領域では、脱炭素起点での事業機会創出が該当します。また脱炭素の付加価値によって既存事業のシェア拡大を図っていくことも考えられます。そのためには、脱炭素型のビジネスモデルへの転換が必要です。ライフサイクル全体を低排出にしていくために、製品設計をエコにしていく、生産工程そのものを変えていく、リサイクル品を主にしていくなど様々対応が考えられますが、排出量が大きい事業から撤退することも選択肢です。いずれにしても、収益の柱となり得る脱炭素製品・ソリューションを開発、展開していくことが必要です。また、排出関連のルールメイクをリードしていくことも検討していくべきです。

事業外の領域では、脱炭素イノベーションの創出があります。脱炭素技術への投資や開発が必要です。特にネガティブエミッション技術は、カーボンニュートラルの実現に向けてカギとなります。ただし、あくまで収益としてリターンを得ていくことが前提です。アマゾンなどのように、自社と共感する企業を集めて、共同で投資していく枠組みをつくっている例もあります。既に投資競争になりつつある中で、個社ではなく、企業連合で大きな投資をつくり技術開発を加速させていくことが有効になるでしょう。

## 最後に

これまで、企業の視点でカーボンニュートラルの影響や課題について解説してきました。業界固有の事情や事業環境によってカーボンニュートラルへの対応は異なってくるものですので、必ずしも、すべての企業が横並びで、同じレベルの対応をする必要はありません。規制対応などの最低限の対応は必須としても、それ以上の対応については、企業のスタンスによって、いつ、どこまで踏み込んでいくか、判断していくべきものです。ただし、カーボンニュートラルは、世界的な社会課題のひとつとして位置づけられていますので、この潮流を完全に避けて通ることはできません。グローバル企業であればなおさらです。カーボンニュートラルに対して、自社としてできることは何かを考えていかなければなりません。自社で使用するエネルギーを再生可能エネルギーに変えるという話だけではありません。調達やプロセスを大きく見直していくことや、ビジネスモデル自体を転換していくことも必要になるかもしれませんが、それらの対応はある程度の時間を要するものです。対応が遅れることで、業界の中で、すぐに取り戻せない差になるリスクはありますので、少なくとも検討自体は先送りするべきではありません。

今後、企業の社会課題に対する貢献への期待は、気候変動だけでなく、様々なテーマに広がっていくものと想定されます。企業として社会課題へ持続的に取り組んでいくためには、単にコストとして対応するのではなく、事業に紐付けて収益に繋げていくべきです。既に世界では生物多様性や人権などの社会課題も重要テーマになりつつありますが、それらと比較して、カーボンニュートラルは社会課題解決型の事業を構築していく第一歩として取り組みやすいテーマかもしれません。現状ではカーボンニュートラルへの対応に要するコストを企業が負担する形になっていますが、消費者を含めた顧客から、脱炭素の付加価値を収益として回収できるようにしていかなければなりません。

企業としては、サービスやビジネスモデルの工夫により、啓蒙に繋げ、この現状を変えていける部分もあるのではないでしょうか。日本においても、異常気象やその結果引き起こされている災害も増えており、遠くない危機として感じるところもあります。社会全体でコスト負担するように変えていかなければなりません。国との連携はもちろんのこと、まちづくりという視点で自治体や地域企業と協力していける可能性もあります。個社での対応ではなく、同業他社や業界を越えた仲間づくりにより協調しながら進めていく領域もあります。

近年排出量が増加しているのは、新興国が中心です。グローバルでカーボンニュートラルを達成するためには、新興国において排出削減していく必要があります。これまで経済成長と排出量は相関の関係がありました。今後、経済成長と排出量の抑制を両立していくためには、技術の革新が必要です。省エネの技術など日本企業が貢献できる部分があるのではないでしょうか。再生可能エネルギーのコストなど、カーボンニュートラルを実現する上で、また日本循環型の社会をつくっていく上で、企業が果たす役割は大きいです。

**小林一幸**

アーバンイノベーションコンサルティング部
モビリティ・ロジスティクスグループ
グループマネージャー（第3章 物流 執筆担当）

**新谷幸太郎**

アーバンイノベーションコンサルティング部
モビリティ・ロジスティクスグループ
プリンシパル（第3章 運輸 執筆担当）

**宮前直幸**

アーバンイノベーションコンサルティング部
モビリティ・ロジスティクスグループ
プリンシパル（第3章 運輸 執筆担当）

**衣松佳孝**

アーバンイノベーションコンサルティング部
不動産・住宅グループ
シニアコンサルタント（第3章 農業・食品 執筆担当）

**佐野啓介**

NRI シンガポール　Consulting Department
Department Head（第3章 農業・食品 執筆担当）

**渡會竜司**

アーバンイノベーションコンサルティング部
不動産・住宅グループ
グループマネージャー（第3章 街づくり・不動産 執筆担当）

**荒木康行**

NRI アメリカ　Research and Consulting Division
Senior Manager（第3章 街づくり・不動産 執筆担当）

# 執筆者一覧

## 稲垣彰徳

サステナビリティ事業コンサルティング部
カーボンニュートラル戦略グループ
グループマネージャー　（第1章／第4章 執筆担当、全体構成担当）

2008年野村総合研究所入社。コンサルタントとして主にエネルギー分野における事業戦略策定、新規事業開発に関わるコンサルティング・実行支援に従事。現在は業界横断でカーボンニュートラルの実現に向けた官民のコンサルティングや企業向けの講演等の対外発表を行っている。

## 佐藤仁人

サステナビリティ事業コンサルティング部
グリーントランスフォーメーショングループ
グループマネージャー　（第2章／第3章 エネルギー 執筆担当）

## 沼田悠佑

NRIシンガポール　Consulting Department
Manager　（第2章 執筆担当）

## 辻村翔

サステナビリティ事業コンサルティング部
グリーントランスフォーメーショングループ
シニアコンサルタント　（第2章 執筆担当）

## 岩間公秀

社会システムコンサルティング部
社会イノベーション政策グループ
チーフコンサルタント　（第3章 自動車／鉄鋼／化学 執筆担当）

## 中川隆之

グローバル製造業コンサルティング部　化学・素材グループ
グループマネージャー　（第3章 鉄鋼／化学 執筆担当）

日経文庫

# カーボンニュートラル

2022年6月15日　1版1刷
2024年8月29日　　　3刷

編　者　野村総合研究所
発行者　中川 ヒロミ
発　行　株式会社 日経BP
日本経済新聞出版
発　売　株式会社 日経BPマーケティング
〒105-8308　東京都港区虎ノ門4-3-12

装幀　next door design
組版　マーリンクレイン
印刷・製本　シナノ印刷


ISBN978-4-296-11381-1
Printed in Japan

---